U0380504

蔡佳峰◎著　黄士庭、王正毅◎摄影

海南出版社
HAINAN PUBLISHING HOUSE

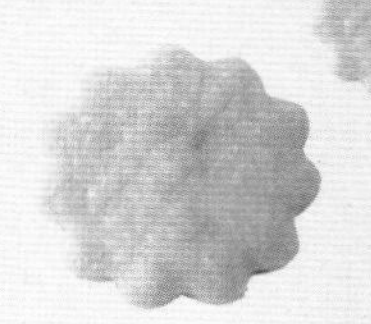

目 录
contents

OBS

自 序

introduction

从开始教人做甜点，至今已迈入第四个年头，这些日子当中教授过的学员也已经累积超过五千人次，在这些人当中有些是从来没有接触过烘焙，但也不乏已经在家自己动手开始做甜点的人士。不管是看书还是上网看视频学，总是会听到不同的学员跟我说，“老师，食谱是写给会做的人看的，我们根本就看不懂……”。回想当初我自己在刚接触烘焙的时候，书也买了，看也看了，但总是有些步骤不知道怎么做，或书上描述的意思不能体会，才深有同感地觉得我也是这样走过来的！

教学的路程上，我尽量以简单的叙述清楚地向学员传达食材、操作上的重点。最重要的，做甜点是件多开心的事，从头就抱着轻松做而且一定会成功的心情，心里层面就需要先建设起来。但话说回来，要轻松也不容易，因为需要对食材特性及操作手法没有一定程度的认知，胡乱轻松做一定会得到失败的结果哟！

想了好长一段时间，如何才能把我在课堂上传达的内容让这些开始接触烘焙的女生男生有正确的基础知识与技法，不用再这么摸不着头绪，导致频频失败……归纳教课时一再重复的重点，总共有 10 个烘焙入门必须知道的关键技法搭配示范的甜点，及 OBS 人气烘焙课程的食谱配方。这样你离自己动手做出漂亮又好吃的甜点日子不远咯。

我打从心底感谢自入行以来支持及帮助我的前辈们，富华公司的朱董事长及苗林行的书哥，一直指导我的黄茂景顾问。我的麻吉好朋友 Alan L.、Wuzu、Cris、Sunny、牛牛，还有一直都很支持 OBS 的死忠学员们（请自行对号入坐）及 OBS 的粉丝们，我爱你们。最重要的，我每天都很感谢我最亲近的 OBS 工作伙伴咏圭、芊昀，这本书也同等于你们的成果。当然还有我的爸爸、妈妈，谢谢你们相信我，I LOVE YOU……

DISHER
Color-Coded
Portion Control
#47144
Size 20
VOLLRATH

VOLLRATH
DISHER
Color-Coded
Portion Control
#47144
Size 20

VOLLRATH
#47146
Size 30

DISHER
Color-Coded
Portion Control

VOLLRATH
#47146
Size 30

VOLLRATH
DISHER
Color-Coded
Portion Control
#47146
Size 30

saf-instant
saf-instant
MONTOSCO
ROSMARINO
BASILICO
CURRY
CANNELLA
The Spice Hunter
GARLIC
100% ORGANIC
有機大蒜粉
DILL WEED
有機蒔蘿碎片
Confiture de Fraise

DOVER
Pasteuriser77
ドーバー パストリーゼ77
DOVER DISTILLERIES LTD.
Vanilla Bean
SINGING DOG
VANILLA
Organic
Pure Vanilla
Extract
RUMFORD
BAKING
POWDER
RUMFORD
Aluminum-Free
BAKING
POWDER
NET WT 4 OZ (113g)
RUMFORD
BAKING
POWDER
Bob's Red Mill
DOUBLE ACTING
BAKING POWDER
NO ADDED ALUMINUM
Bob's Red
100%
WHOLE WHE
BREAD M
NET WT 19 OZ (1 LB 3 O

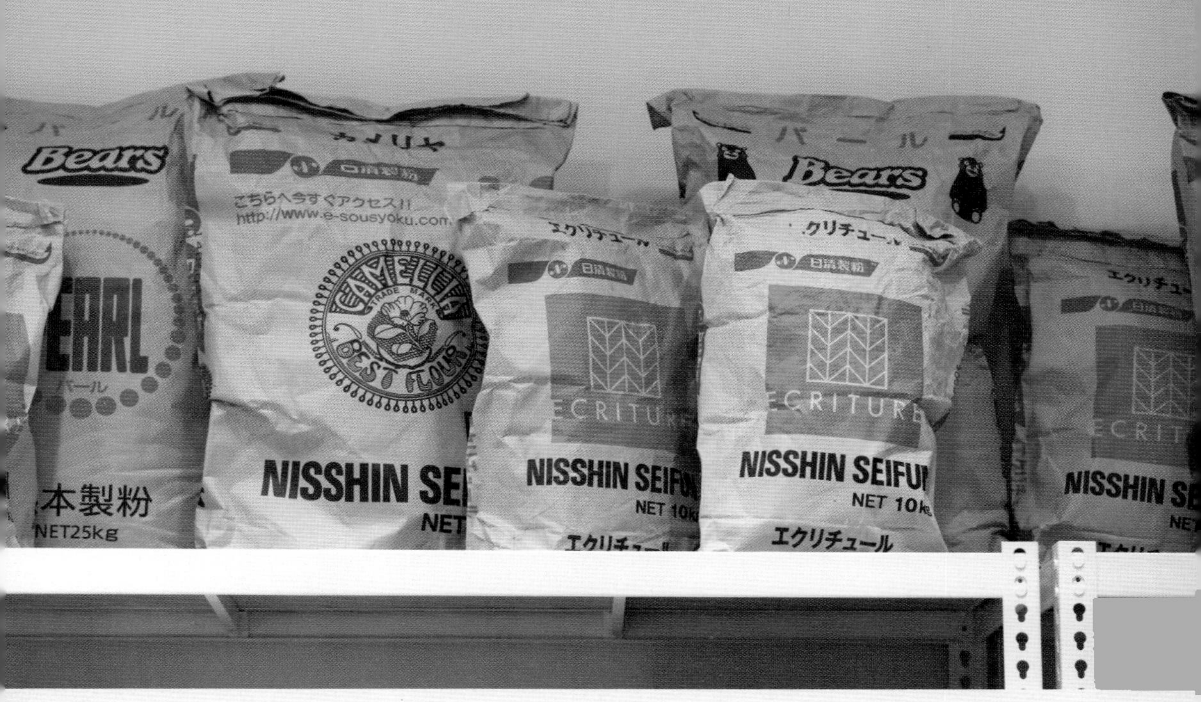

Raw material

原料篇

我的妈妈不会做菜的，我也不像很多厉害的名厨那样从小在妈妈身边跟前跟后进厨房，研究香料或讨论配方。妈妈为了带大我们三个小孩，不得已选择了职业妇女这条路；在家里，我有一个从榨豆浆、卤猪脚到做冰棒都一手包办的万能的琴琴奶妈。虽然不下厨，但妈妈一直都强调好食材的重要性，“You are what you eat”妈妈深信着。

对我来说，成立烘焙教室，做的东西不外乎给自己最亲近的家人、朋友，甚至身边的同事……手工制作量不大，对好食材的成本不像营业那样有负担，所以为什么不尽可能用最好的食材？

偶尔会听到学生跟我说“老师，我那天做了什么没有成功，可是我家人还是说好好吃哦，哈哈哈……”这就是咯，好食材是制作好食物的根本，可别为了省几十块钱而浪费了你的时间、精力，还不能享受到美食，最后还牺牲仅有的卡路里配额，因小失大可不划算呢！

奶油

在制作任何甜点及面包时，我所使用的奶油有两个条件：一是无盐奶油，二是发酵过的奶油。

使用无盐奶油是因为每个奶油品牌所加的盐分比例不同，若使用有盐奶油，不易控制甜点里的盐分，或许会压过其他食材的风味。而使用无盐奶油，是否要加盐、加什么盐或要加多少盐都可以更轻松地掌握。

生乳在持续搅拌时，乳水与脂肪会分离，留下的液体是脱脂乳，固体就是奶油了。在制作的过程中，有些会加入乳酸菌来促成发酵，也因此让味道有了差异；发酵的奶油因制作的过程繁琐，也会让奶油的味道变得更加丰富。奶油在 13～35℃会以液态或固态的形式出现，可塑性高，不但能加强甜点的保湿性，而且也是香气的来源，更是食物的灵魂，千万不要在奶油上节省，并且要慎选！

鸡蛋

鸡蛋的作用非常多，在制作甜点时，也会以许多不同的形式呈现。比如，因为蛋白经过打发后，体积可以膨胀到原本的 6～8 倍，所产生的气孔让我们在制作甜点时，会有蓬松的口感。另外，由蛋黄的油脂所产生的蛋香，让甜点的味道多了香气的层次。同时，鸡蛋也是食材间的桥梁，能够让彼此紧紧牵扯住；或许可以说是一种黏着剂，可以在制作甜点时，把食材紧密黏在一起。鸡蛋还有热凝结性，高温时鸡蛋会凝结，食物熟了才能使形体固定。又譬如说蛋黄是做卡士达酱的主要食材，蛋液可以在面包、派上面上色，让甜点看起来更美味。

有学生不止一次问我，"白色的蛋与咖啡色的蛋，到底有什么差别呢？"我的回答是："差别不大"。

在营养价值上，鸡蛋外壳的颜色并不会造成多少差异。蛋壳颜色的差别，与蛋壳内的蛋黄及蛋白也没有直接关系。主要看打出来的蛋黄颜色是否鲜艳，蛋黄与蛋白是否紧实。这些都是判断一颗鸡蛋新不新鲜的重要指标，只要使用新鲜的鸡蛋，做出来的甜点就不会有所谓的蛋腥味，而是让人愉悦的蛋香味。

简单描述鸡蛋的内部，蛋白是水分，蛋黄是油脂，它们的比例大约是 2 ∶ 1。在台湾地区能够买到的鸡蛋当中，较大颗的约在 52～56 克重（不含蛋壳），小一点的则

如何挑选鸡蛋呢？最重要的是新鲜和卫生。新鲜自然指的是“制造日期”，而卫生就是指不要黏到奇怪的杂物。在制作甜点时，我们经常会需要把蛋白及蛋黄分开，因此坊间也有业者直接分开贩售，虽然方便，却很难保证鸡蛋的新鲜度。我一向选用新鲜的鸡蛋，而且一颗颗地打；把新鲜的鸡蛋，亲手分成蛋白和蛋黄，才能知道鸡蛋本身的状态如何。因为不新鲜的鸡蛋，是不适合用来制作蛋糕的。蛋白在与蛋黄打出来并分开后，最久可以存放 8～10 天。不过，因为鸡蛋很会吸味道，摆在冰箱内存放时要切记，用密封盖子盖住，并且不要放在味道重的食物旁边，才不会让蛋液吸附到奇怪的味道，你总不想让美味的蛋糕带着三杯鸡或麻辣锅的味道吧？

为 42～48 克；因此市售的鸡蛋，是有大小差异的。在教学过程中，以及这本食谱书当中，我尽量不用“颗”来作为鸡蛋的单位，而是改以“克”来计算。毕竟，一颗蛋或许差异不大，但是当打入五颗蛋时，就会有至少 10～20 克的不同。

牛奶

我在烘焙时所使用的都是新鲜的全脂牛奶。或许有人会认为，改用低脂或无脂牛奶，做出来的蛋糕也是低热量的，所以应该吃了不容易胖，但我要告诉大家，你们不要再骗自己啦！要吃就不要想这么多了！在制作甜点时，牛奶内所含的脂肪很重要，除了能给食物带来香气外，还具有保湿的作用。另外，像保久乳之类的牛奶，都不考虑使用了，因为保久乳经过高温杀菌已经没有牛奶的香醇，还会添加香料、安定剂及防腐剂，所以绝对要使用新鲜的全脂牛奶。

鲜奶油

鲜奶里所含的脂肪只有 3.5%，鲜奶油则是将鲜奶中的水分降低，提高乳脂率而形成的。往往要耗费 13 升的鲜奶，才能做一瓶 1 升的鲜奶油。市售的鲜奶油除了有可以放 8～10 个月的保久型鲜奶油外，还有新鲜制成有效期很短、无防腐剂及添加物的纯生鲜奶油。而脂肪的比例也从 20%～48%不等。

よつ葉
特選
十勝 よつ葉牛乳
特選
北海道十勝
よつ葉牛乳
十勝産生乳を産地でパック
成分無調整
種類別 牛乳
生乳100%使用
有效日期
(開封前)
HEART

面粉

如果你希望做出来的蛋糕、饼干、面包好吃，面粉是挑选时一定不能随便的食材。面粉主要由小麦制成，成分不外乎是淀粉、蛋白质和矿物质。蛋白质成分多，筋度就高，口感就会有嚼劲；矿物质含量比较高的时候，口感就会较为粗糙。这些相互关系，也因研磨的方式而有不同影响。常见的面粉，有用机器磨制的，也有用石臼研磨的；前者较为细致，后者因保留较完整的小麦，虽然较粗糙，但也有较多的维生素及矿物质，具有较高的营养价值。

认识面粉，用很简单的话来说，就是"越精细，营养价值就越少"。但是，在制作甜点时会因为需求不同，而选用不同精细度的面粉。面粉加上水之后，里面的蛋白质就会开始连结，淀粉也开始发生作用并产生黏力，这就是所谓的"筋性"。筋性的存在感，就像是甜点、面包的骨骼。低筋面粉像是软骨头，所以制作出的蛋糕口感软绵绵的；而面包需要厚重扎实口感和饱足感，像是骨骼健壮的体格，所以会用高筋面粉。

高筋面粉（High Gluten Flour）

在日本被称作"强力粉"，顾名思义就是面粉的组成有较强的力量，筋度高，拥有较多的蛋白质及矿物质，常用来制作面包。高筋面粉除了用在制作面包外，也常在烘焙时当作"手粉"使用。因为高筋面粉颗粒较粗，相对于中筋面粉与低筋面粉比较不容易粘黏，所以在制作塔、派类时要洒在台面上，或洒在烤模上以便于出炉后的蛋糕脱模，这都是高筋面粉的特点。

中筋面粉（Plain Flour or All Purpose Flour）

在日本被称作"中力粉"，通常也会被称为 All-Purpose Flour 换句话说，就是什么都能做，是种全能型的面粉。因为有这样的特性，中筋面粉成为了美国人最喜欢的面粉种类，因此像磅蛋糕、玛芬、司康等美式甜点，通常都会用中筋面粉来制作。

低筋面粉(Low Gluten Flour or Cake Flour)

也被称作"薄力粉"，因为筋度较低、粉末很细，所以经常用于制作蛋糕。比如戚风蛋糕、海绵蛋糕、塔、派，甚至饼干、泡芙等，都会使用到这种质量很轻筋度低的细面粉。

全麦面粉(Whole Wheat Flour)

是指小麦在磨制成为面粉中保留最多胚芽部分的面粉，颜色也较深。因灰分高，所以通常全麦制品口感都相对粗糙。此外，坊间有售卖麦麸这种食材的，麦麸是小麦的壳，并没有太多营养价值，所以要注意你买的全麦制品到底用的是麦麸还是真正的全麦面粉。

糖

很多人会以为，糖只是提供甜味，但其实糖还有其他两个重要作用：一是保持甜点里面的水分，二是作为最天然的保存剂。

糖不仅有很多种类，也会以不同的形式呈现，并且有不同的作用。通常来说，用到糖粉跟砂糖（细砂糖）的机会比较多，而冰糖就比较不常在甜点制作时用到。如何区分何时使用糖粉或细砂糖呢？简单来说，糖粉的使用，多半是指不用再进烤箱的情况，比如放入装饰用的鲜奶油中打发；相对地，会用到细砂糖的，就是指与鸡蛋打发，或拌入面糊中，之后需要进烤箱烘烤的甜点了。

另外我们也会用到“上白糖”，是时常用到保水量非常高的一种糖，在日本几乎是厨房必备的食材。砂糖的保水度大约是 0.01%，而上白糖是 0.1%，两者之间足足有十倍的差异。因为上白糖在制作过程中，添加了转化糖浆。因此在制作海绵蛋糕时，我们需要湿润口感，就会使用到上白糖。而在烘焙饼干、塔皮等需要松脆口感的甜点类，通常使用的是细砂糖。

偶尔，我们也会使用到二砂、蔗糖、枫糖或者黑糖，这些都是为了添加甜点中的风味而使用的。

其他还有水饴，被称为水性麦芽，尤其在日本经常被用来制作各式甜点。虽然本质上很接近国内的麦芽糖，不过质地却很不一样。日本的水饴，含水量较高，有较好的流动性，使操作更加便利。这让我们在制作甜点时，能够给予口感上较为明显的差异；由于水饴能够加强蛋糕体的结构，也就是增加口感的延展性，不会使其刚被咬下时就马上碎裂或松垮掉，使甜点吃起来更加绵密保湿。

香草精与香草荚

正确来说是“香草萃取物”，是将香草荚浸泡在伏特加（Vodka）里面，让酒精在留下香草味之后，就是我们常看到的香草精。此外还有香草膏（Vanilla Paste），与香草精的差异在于液体浓度（如膏状），并且香草膏含有香草籽。许多人会买香草回家，除了自制香草精之外，还有其他用途。通常市面上买到的香草，是指整枝香草荚（Vanilla Beans），用刀背或汤匙刮下荚内的香草籽之外后，留下来的空荚也非常有用，不仅可以用来煮牛奶，还能用来制作卡士达酱，而且香草空荚香气十足，千万别取了籽就丢了荚哦！

苏打粉及泡打粉

到底什么时候用苏打粉，什么时候用泡打粉呢？

苏打粉对酸性食材才有反应，比如可可粉、酸奶油、柠檬汁、醋、优格等。相反地，泡打粉就被广泛用在不同的食谱当中，泡打粉里有苏打粉、塔塔粉跟玉米淀粉。塔塔粉是制造葡萄酒时的副产品，属于酸性物质，为了不让苏打粉和塔塔粉受潮而提前作用，才会加入玉米淀粉。以前的泡打粉含铝，现在质量好一点的泡打粉不含铝，所以也别担心会得老年痴呆症……你或许会担心泡打粉是化学添加剂而选择不加入蛋糕里，结果就会得到一个湿湿黏黏膨不起来的失败蛋糕。所以别再担心了，泡打粉就是由苏打粉、塔塔粉及玉米淀粉组成的！

NIELSEN·MASSEY
FINEST QUALITY
• MADAGASCAR BOURBON •
PURE VANILLA BEAN PASTE
NET CONTENTS 4 FL OZ (118 ml)
RUMFORD
Aluminum-Free
BAKING
POWDER
NET WT 4 OZ (113g)

Chocolates

巧克力

我是个不折不扣的巧克力狂，从小热爱巧克力，连上大学时都要在纽约曼哈顿的高档巧克力店打工，这样才能每天跟心爱的巧克力在一起。每次在做与巧克力相关的甜点时，我时常跟学生强调巧克力的品质是关键。巧克力的味道是如此的强烈，没有其他搭档的食材能抢过巧克力的光芒，所以当你在制作巧克力甜点时，无非就是在品尝你所使用的巧克力。巧克力品质不好，可怜了其他食材得一起陪葬；巧克力品质好，所有食材都鸡犬升天。

UNOX
OBS

Tools
工具篇

这时候讲“工欲善其事……”似乎是老梗了，但这句话到现在还编在教科书里不是没有道理的。对烘焙这件事来说，好的工具与设备影响甚远。清单上最重的设备就是烤箱了，我接触过很多学生开始学习烘焙时有一个迷思，就是先看看自己是不是真的很有兴趣，再考虑要不要花钱在烤箱上，所以就会买个价格不高还算过得去的烤箱用用，结果烘焙之路走得格外艰辛，烤箱温度不均还忽高忽低，浪费的不只是食材，还有时间和精力，更可怕的是将做的不算成功的蛋糕大把大把地往肚子塞，超过你该摄取的卡路里，胖了几斤不说，还得不到亲朋好友热烈的赞赏，真是赔了夫人又折兵。不是你做不好啊，是烤箱的责任重大。因此准备一个好烤箱，就已成功一半了，每天能优雅地呈现刚出炉的蛋糕，家人们赞叹不已，实在太值了！

当然，烘焙是一条不归路……小工具、不同形状的烤模只有一直买的份，没有够用的时候，我就是活生生的例子啊！但好的工具一定会帮你的作品加分，原因有二：好工具操作顺手、省时省力会让你的心情好，烤出来的蛋糕会特别好吃；好工具品质佳，好好照顾和使用可以传三代，所以好品质的工具和设备是非常值得投资的！

Cuisinart

打蛋器

顾名思义，除了打发食材，它在甜点制作中扮演的角色还不只一个。千万别小看打蛋器，根据搅拌及混合食材的特性，在使用时，手持打蛋器的角度不同，也会有不同的作用哦。手持打蛋器与桌面垂直约 90°，就是搅拌功能，因为空气不易打入食材内。若斜拿打蛋器搅拌，就容易将空气打入，通常会用在打发鲜奶油或蛋液时。

电动搅拌器

家庭烘焙不可或缺的工具，在打发全蛋、蛋黄、蛋白及鲜奶油时都用得到。如果喜欢在家制作甜点，又不想得妈妈肘或网球肘，如此省时、省力、方便的工具，绝对是不可少的呦。

橡皮刮刀

橡皮刮刀具有弹性且前端具有弧度，可以将残留在搅拌盆上的面糊刮下来。虽然被称作刮刀，不过也经常被用来混合食材。

刮板

刮板可以用来切割奶油、面团等原料，也可以用来刮平面糊，是很重要的小工具。

擀面棍

乍一听好像要做水饺时擀面皮或做面包才用得上，事实上在甜点的世界中制作塔皮时，擀面棍占了举足轻重的地位，没有它可不行哦！

抹刀

甜点初学者通常都会被抹刀整个半死，我想跟大家传达的是：

1. 千万别被抹刀和你要抹的食材吓到，不管它是鲜奶油还是卡士达酱，你必须要有战胜它的心态。
2. 抹刀是单面使用的工具，如果你看到抹刀两面都沾满了食材，那么你就没有用对！千万别把抹刀边当刮刀用，鲜奶油只会越抹越粗糙。
3. 经常练习是驾驭抹刀及其技术的不二法则。

脱模刀

这种工具看着像抹刀，其实很有弹性但宽度不大。我们不用水果刀或抹刀脱模是为了避免伤害到甜点本体或刮坏烤模，因此买一把脱模刀，不但可以让我们将蛋糕从烤模上分离时能漂漂亮亮，还可以让模具使用得更长久。

刷子

刷子的材质有好多种，不同材质所代表的意义及作用也有所不同。千万别一把刷子用到底，不但刷子容易坏，你的作品伤痕累累也不够专业喔！

1 羊毛或聚酯纤维制成，通常在制作甜点或面包的尾声时，用它来刷蛋液，细软的刷毛，可避免伤到甜点本身。

1

2 硅胶刷子，空隙比较大，可以将糖浆、酒或果酱等带水分的食材顺利带到蛋糕体上。

3 猪鬃毛刷子，硬度及弹性较高，通常会用在比较厚重的食材上，比如把室温奶油刷在烤模上。

牛奶锅

一般来说，煮牛奶通常都是用砝琅材质的锅，在本书中不管是煮牛奶、做泡芙壳还是煮卡士达酱，只要大小适合就好，不一定非要用砝琅材质的锅具。

不锈钢锅

使用不锈钢锅应注意锅的厚薄，好的不锈钢锅比较厚，热能可以较均匀地分散到锅底各处，卡士达酱也较不容易烧焦哦！

铜锅

在煮焦糖时，最怕受热不均匀，因此用受热快的铜锅煮焦糖是最理想的。

筛子

过筛有三个作用，一是将原料的粒子分开使其蓬松含空气，如低筋面粉与可可粉；二是可以均匀地混合不同的粉类，例如高筋面粉、低筋面粉与糖粉、泡打粉一起过筛，能混合得更均匀；第三是过滤杂质！

各种筛子在做不同的甜点时，扮演着不同的角色。依据不同的外型及设计，可以帮助我们筛选出一致且具标准的原料，更方便我们运用在制作过程中，提升口感以及美观等不同的需要。

附耳筛

方便而且设计相当科学的筛子。在筛子里面附有可活动的耳朵，摇动外面的手把，就能轻松让筛子里的面粉受控制地垂直落下来，不会飘散在桌面四处。因为网面细致，通常用于筛面粉、可可粉、糖粉、泡打粉等细致的粉类。

大网筛

顾名思义，就是网孔比较大的筛子，适合用来筛杏仁粉或坚果磨成的粉。因为坚果粉含丰富的油脂及香气，如果孔小筛不过去又硬是挤压导致坚果粉内的油脂与粉分离，结构就会被破坏。虽然大网筛的外观会让人有想拿它来煮面的冲动，建议要留一个专门用来筛坚果粉，以免面汤的气味残留。

平底筛

一般用于过滤液体，例如过渡使用香草荚煮过的牛奶、卡士达酱等。平底筛通常就是用来过滤杂质的。

小茶叶筛

网孔最细的筛子，可以在做装饰、洒糖粉或可可粉时使用。

测量工具

我经常跟学生说烘焙不像料理，在原料的份量上可以有很多弹性，料理多一匙橄榄油或少一点盐都不会有太大的影响。但是，烘焙对于原料的测量则需要一丝不苟地执行，这样做甜点才会有一致的标准。如何准确的测量原料，该用什么工具，不管是不是烘焙入门的新手，都要检视自己在这个部分是否做对了，只有跨出正确的第一步，才能够预见香味扑鼻的成品！

电子秤

用于测量干料，如面粉、杏仁粉、可可粉、果干、巧克力，需要以重量来显示份量的原料，如蛋液、果酱等。由于电子秤能够正、负测量，是做甜点的必备工具。除了在测量原料时能更方便和精准之外，只要学会如何操作归零的小按键，还能让我们少洗好几个碗跟搅拌盆。对于烘焙来说，建议挑选最小单位是 1g 的电子秤，这样可以减少误差。

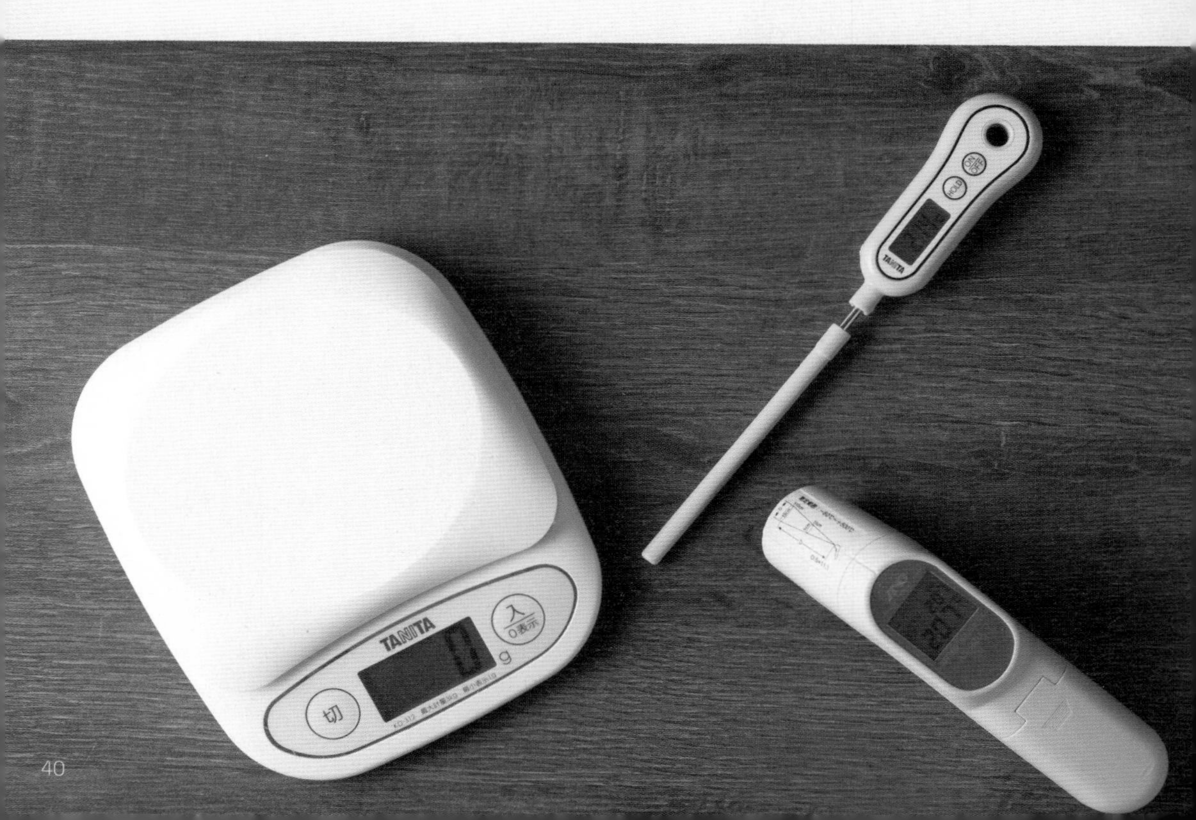

量匙

常用的单位是“大匙（table spoon，也写作 tbsp 或 T）”和“茶匙（tea spoon，也写作 tsp 或 t）”，量匙是有国际标准的。1 大匙等于 3 茶匙，就是 15ml；另外 1 茶匙是 5ml，依此类推，1/2 茶匙是 2.5ml，1/4 茶匙是 1.25ml。在以量匙舀出原料的时候，一般会先舀突出匙面，再用刀背或是刮板刮平，这才是标准的份量。

量杯

用于测量液体，如水、牛奶、咖啡等，任何标示 ml 或 cc 的液体都需要由量杯来测量，1cc = 1ml。使用量杯时千万别一手持量杯，另一手倒入液体。要将量杯放在水平的桌面上，再倒入要测量的液体，并要蹲下来让视线与量杯等高，才能精准的看到所要测量的液体是否要到达标示线。

定时器

无论是使用烤箱或是同时在做其他事情时，任何需要计时的时候都会用到定时器。甚至当你稍微离开去看电视或休息时不小心睡着了，计时器会提醒你该回到厨房了。

温度计

做甜点的时候，温度的控制很重要，关乎甜点的成败，温度计千万不能少！

OFF
ウイルス

派石

好多刚接触烘焙的人看到派石都相当好奇，会问："老师，这是巧克力吗？可以吃吗？""嗯……大家食欲都很好耶，呵呵……"我们在做塔或派的时候会因为烤箱内热胀冷缩的原因，塔皮或派皮会鼓起来，所以为了预防这种情况发生，要隔烘焙纸将派石装满于塔皮或派皮内再放进烤箱内烤。派石是铝制的石头，因为导热很快，所以烤焙的时候塔皮内外温度会比较均匀。提醒大家，塔皮或派皮烤好的时候派石有接近200℃的高温，千万不要用手接触，倒入钢盆放凉即可！

搅拌盆

我建议不要一个搅拌盆用到底。最好准备大、中、小各一个。比如，如果你要打发的蛋液量不多，在大搅拌盆里硬是打了20分钟也打不起来，就是因为如果蛋液量少时，在小搅拌盆里打发的话，来回撞击的次数在同样的时间内会比大盆多了3000次，一会儿就打发好了。多准备几个搅拌盆，要使用时就有干净的，也相对比较卫生。

10 must skills to perfect baking

完美甜点的10个关键

接触过很多自己在家里摸索烘焙的学生，大部分都是自己上网看视频跟着做或看书来跟着做。视频受限于时间与剪辑的美感，无法交代细节；而对于书本的文字，每个人吸收和理解的程度也不一样，往往在家自学，只要蛋糕能烤熟就很开心，但到底是不是真正成功，心里其实也没有底。上次成功这次又失败，到底做烘焙是不是碰运气呢？

下面介绍的 10 个技法和观念，看似没有需要特别注意的地方，然而每一个技法都是在烘焙的过程中相当重要也是最基本的。清楚地去理解每个步骤成立时需要怎么准备，用五官及心去感受食材的状态，进而判断步骤是否成功。

要做好烘焙，绝对不要心急，动作也绝对不能随便，一个步骤做好、做对后再继续下一个步骤，一个步骤做不好就重复练习这个步骤。如果怕浪费食材而勉强做完，则会浪费更多的食材、水电、时间以及精神体力，没有从中学习到什么也没有任何成就感，而且还要把失败的东西吃进肚里。因此，好好扎实地熟悉一个技法就可以变化出很多种甜点，以下的 10 个技法，请反复练习，并用心感受！

全蛋打发与切拌技巧

全蛋升温

将鸡蛋刚从冰箱拿出来时，由于温度低，蛋黄和蛋白是紧缩的，就像人泡热水澡时肌肉才得以放松是一样的道理。要想把蛋打发就要先让蛋"放松"，隔约 60℃的温热水将蛋液升温到 36～40℃，再开始进行打发，并分两次加入砂糖。

1 全蛋升温，并用打蛋器搅拌。

2 确认温度。

打发状态的判定

判定蛋是否完全打发的方法，是将电动搅拌器提起后前后来回移动，可以在表面画出停留 10 秒的浓稠的线条，称之为"缎带"。打发完成后再开低速把大的气泡打小，让蛋糊呈现细致绵密的状态。

Tips

将鸡蛋放在小盆里比较容易打发，打发完成后可再换到大盆中继续下面的动作。

筛粉

筛子除了可以避免面粉结块外，还可以使面粉粒子间的空气量增加。

切拌技巧

切拌这个动作，是在做烘焙的步骤中最困难、技巧最多也最容易让人忽略的重要动作，却攸关蛋糕烤出来的高度、膨度，口感是否有弹性，蛋糕体会不会干涩等关键问题。

切拌的意义在于将打发好的蛋糊在不破坏结构的迷你气孔下，能有效地将面粉、奶油等食材均匀地与蛋糊结合。力道太大或是使用打蛋器搅拌，都会破坏气孔，让蛋糕扁扁的，吃起来湿湿黏黏的，没有不蓬松感。

切拌面糊的准则

1. 使用橡皮刮刀：每一次切拌，动作要全部完成，动作没做完会加长切拌的时间和次数，会提高气孔被破坏的风险。
2. 不要切拌得太开心哦，切拌次数过多也会造成气孔破坏，要适可而止。

切拌姿势

1 用刮刀从面糊中间切下去。

2 伸进去面糊底部直线往前。

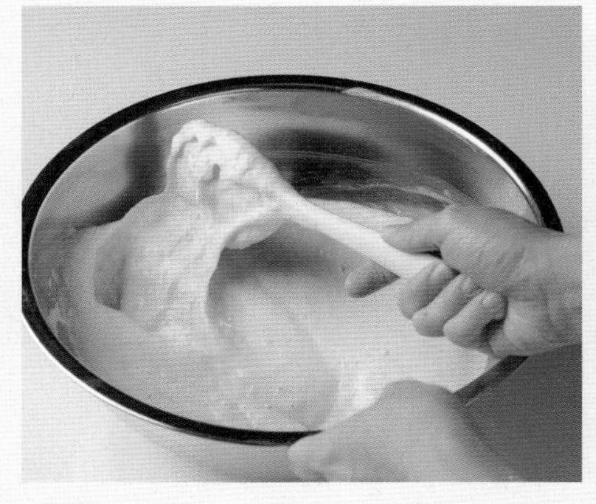

3 随后翻上来，提高刮刀。

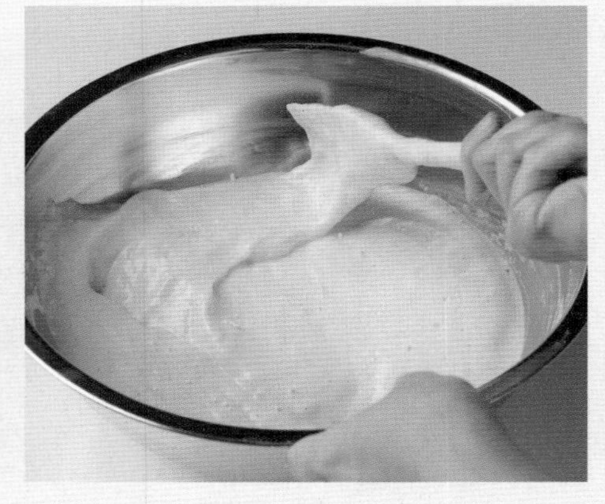

4 自然翻转，收尾。

错误切拌姿势

1 没有将刮刀伸到面糊底部，只从搅拌盆旁边划过。

2 刮刀翻上来时压到面糊。

3 切拌动作完成后无意识地翻转刮刀。

奶油和牛奶

牛奶和奶油一起融化，刮刀应当缓冲以画圆的方式倒入面糊，再轻轻切拌均匀。油脂的质量与面糊是相对较重的，切记刮刀一定伸到面糊底部才能将油脂带上来与面糊融合。当没有看见明显的面粉油脂，面糊顺顺绵绵时，就可以倒入烤模中准备烤焙了。

倒入烤模

请事先将烤模铺上烘焙纸，入模时要从高处立刻将面糊倒入模中，完成后轻拍烤模底部两三下后进入烤箱内烧烤。

Techniques 技法 2

蛋白打发与卷拌技巧

蛋白升温

1 将蛋白升温到 36℃较容易打发。

2 如果蛋白还是冰冷的状态，请先隔温热水搅拌，升温至 36～40℃。

打发状态

1 用电动搅拌器先将蛋白打出大泡泡后加入一半的细砂糖。

2 继续打发至蛋白的泡沫较细且有光泽后加入剩下的细砂糖。

3 将整盆蛋白霜拌匀后再提起电动搅拌器，搅拌盆中的蛋白霜会形成尖挺的“小山丘”。

TIPS

蛋白打发越久，泡沫就会越细致，也会造成蛋白越加紧实，如果将硬梆梆的蛋白拌入到面糊中，蛋糕也会变得硬梆梆的！所以打蛋白也要适可而止！

4 将搅拌盆翻转，如果蛋白不会掉下来，这时蛋白就打好了！

卷拌姿势

1 将打发好的蛋白加入面糊中。

2 用打蛋器将面糊和蛋白一起卷起。

3 将蛋白通过打蛋器后和面糊充分混合。

4 将面糊倒入方形模中。

5 用刮板贴平面糊由左至右刮完一次后转 90°。

6 重复此动作，直到面糊平整。

7 面糊平整后，在烤模底部轻拍两三下释放出大气孔。

TIPS

刮平面糊表面很重要，要看蛋糕整体是否厚薄一致更重要，只有这样才能烤出厚度均等的蛋糕体。

鲜奶油打发技巧

打发鲜奶油前要认识鲜奶油内乳脂肪与空气的关系。鲜奶油尚未打发前，脂肪球是安定地存在于鲜奶油中的。打发鲜奶油的意思是将空气分子强行包裹在脂肪球的外侧，使脂肪球与脂肪球之间有空气分子隔开，体积就会相对膨胀。但脂肪球需要处于安定的状态，鲜奶油才能打发。

让脂肪球安定的前提

1. 鲜奶油刚买回家时别急着打发，必须要将鲜奶油放在冰箱冷藏 12 小时，待脂肪球安定后再进行打发。
2. 鲜奶油必须低于 9℃，使脂肪球安定。

另外，一般在收纳鲜奶油时请放在冷藏冰箱的最里面的位置，因为放在冰箱门上的鲜奶油会因为冰箱开开关关而导致温度上升，使脂肪球不安定。

夏季打发鲜奶油的小窍门

1 冰镇容器

可以先将要用来打发鲜奶油的搅拌盆放入冰箱冷藏。

2 隔冰块打发

将冰块装进大盆中，再把装有冰镇过的鲜奶油的搅拌盆隔冰块打发，能帮助稳定乳脂肪球。

七分发：鲜奶油呈现柔软状态。

八分发：鲜奶油的流动性相对降低。

九分发：鲜奶油呈现块状且无法流动。

油水分发：颜色变为略黄，呈现如奶酪般的颗粒质地。

泡芙壳美型技巧

泡芙可以变化出的甜点种类很多，泡芙是经久不衰的经典甜点之一。利用水与面粉中的淀粉结合，再利用高温创造出泡芙壳内的空间。泡芙壳要过关需要注意的地方相当多。

准备的材料与工具

制作甜点时，工具和材料都要提前准备好，才能避免因手忙脚乱而忘记了步骤。

1 牛奶锅煮沸

锅中放入奶油、水、牛奶和盐，等奶油完全融化，一起煮沸后再倒入面粉，否则面粉中的淀粉无法完全糊化，会造成最后的泡芙壳烤出来软趴趴的。

2 倒入面粉

面粉需事先过筛以避免结块，待沸腾后关火，将面粉一次倒入锅中后快速搅拌，如果有面粉结粒也要用刮刀辗压开。

* 用刮刀辗压开来。

3 形成面团

一直搅拌直到形成面团。

4 蒸发面团水分

用刮刀将面团在锅中来回翻滚，让一些水分蒸发，在锅底形成一层薄膜，并会听到类似煎鱼时细微的“噼哩噼哩”声音关火。如果泡芙里水分太多，当挤泡芙时，面糊就会整个扩散到无法开成具体的形状。

5 加入蛋液

将面团换到另一个搅拌盆中，分次加入约 40℃的蛋液并在短时间内将蛋液与面团搅拌融合。

6 形成倒三角形

蛋液加入的多少要以当天气候为准，有时需多加一点，有时却无法依食谱标示全部加完。需要分多次加入，直到以刮刀将面糊舀起时面糊会缓缓流下，并形成倒三角形时才是达到标准湿度的泡芙面糊。

7 挤泡芙

将面糊放入裱花袋中，以 1 厘米的花嘴挤出直径约 3～4 厘米大小的泡芙。

8 刷上蛋液或喷水

为了避免泡芙表面过干，在烤焙当中还来不及等泡芙完全膨胀时，外壳会因水分蒸发已经先固定形状，再也长不大，所以挤好泡芙面糊时请立即刷上蛋液或喷水后再放进烤箱。

TIPS

为何蛋液加入前要达到 40℃，原因在于当挤好泡芙要放入烤箱时，需要温热的面糊才能帮助泡芙膨胀，所以加入的蛋液请事先升温。从开始挤面糊到进烤箱时请把握时间，千万别让泡芙面糊冷掉！另外，在烤泡芙时别因为好奇心驱使而中途打开烤箱，让热气散掉泡芙就会少长两厘米！

Techniques技法 5

如何做卡士达酱

卡士达酱出现在各式各样不同的甜点中，它永远都是最佳配角，广受大人与小孩的喜爱。卡士达酱的好滋味其来有自，首先蛋一定要优质且新鲜，使用香草荚而非香草精，火侯要足够，该煮沸的一定要煮沸。还有，手的肌肉要锻炼，因为煮卡士达酱的关键就在于搅拌，一定要充分搅拌，搅拌不好酱就不够细滑。所以，做完卡士达酱接下来三天手就“废了”，先跟你们做做心理建设，加油！

1 牛奶锅

将香草荚用小刀剖开，利用刀背刮出香草籽，与香草空荚一起放入牛奶锅中，开火加热牛奶，煮到锅边出现小泡泡时再关火。

2 蛋黄、砂糖打发

在牛奶加热的同时将砂糖加入蛋黄中并在小搅拌盆中打发，打到浓稠且呈现淡黄色。

3 加面粉搅拌均匀

面粉请事先过筛，加入已打发的蛋黄中并搅拌均匀。

4 牛奶加入蛋黄糊

将 1/2 牛奶倒入蛋黄糊中，搅拌均匀后再加入剩下的牛奶拌匀。

TIPS

蛋黄牛奶过筛：将蛋黄牛奶过筛，把结块的蛋黄筛出，这样卡士达酱的质地才会更细致。

5 回锅加热

将蛋黄牛奶倒回锅中，开中火加热。

6 用力搅拌

加热过程中需要不停的以刮刀或打蛋器彻底搅拌，才能避免结粒使锅底烧焦。

7 形成酱

逐渐浓稠后持续搅拌直到卡士达酱出现光泽且煮沸而出现大泡泡。

8 容器消毒

卡士达酱容易生菌，容器要经消毒后再倒入煮好的卡士达酱。

9 贴保鲜膜

卡士达酱抹平后贴上保鲜膜，以减少与空气接触，进而减少生菌的机会。

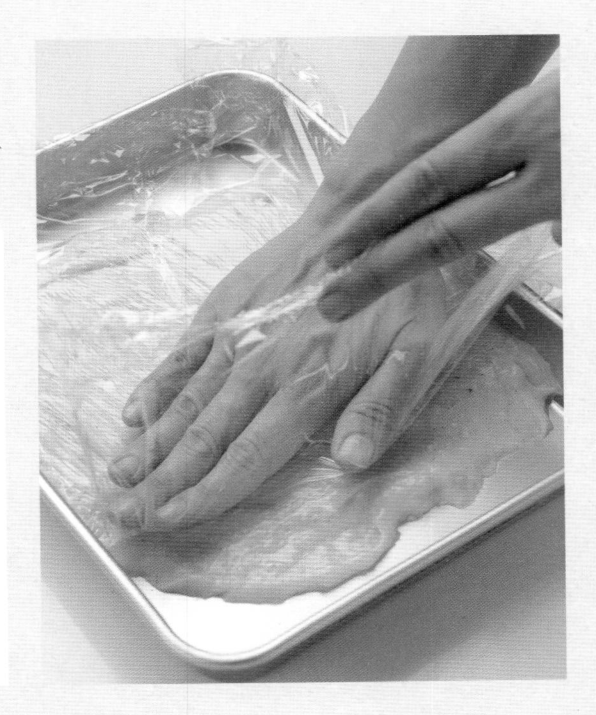

TIPS

冷藏：卡士达酱在25℃～35℃之间最容易滋生细菌，所以为了避免在此温度区间的时间过长，需要将贴好保鲜膜的卡士达酱马上放入冰箱中冷藏降温。确定在降温后拿出，将凝结有弹性的卡士达酱再以刮刀搅拌成高温时柔软绵滑的状态。

制作塔皮

如果你喜欢吃苹果塔、柠檬塔、草莓塔、洋梨塔，只要是塔迷一定要先学会最基本的塔皮。好吃的塔皮也的确帮你的甜点大大加分，想想那酥脆甜香的口感，搭配新鲜水果及卡士达酱，真是棒极了！

所以如果你以往是会买冷冻塔皮直接使用的塔迷，一定要把这容易操作的塔皮好好加以练习，从此所向披靡。

塔皮制作

1 确认室温奶油

制作塔皮时，奶油需放置室温至少 30 分钟，搅拌后呈现如美乃滋的柔软状态。

2 与糖粉搅拌

加入糖粉搅拌，手持打蛋器以垂直 90° 的方式搅拌，这样可避免打入过多空气。

3 加入蛋液搅拌

分三次加入室温的蛋液，每一次加入蛋液时，需要用打蛋器搅拌使蛋液与奶油融合形成膏状匀后，再放入剩下的蛋液。

4 筛入面粉

将面粉经筛子过筛倒入搅拌盆中。

5 1～7 点钟方向轻拨

用橡皮刮刀以搅拌盆的 1 点钟方向为起点，直线划到 7 点钟方向轻轻拌合，每拌一次逆时钟转一下搅拌盆。

6 拌匀面团

重复 1~7 点钟的动作直到面团拌匀且看不见面粉。

7 形成面团

最后聚集形成一个面团。

8 放入保鲜袋

将保鲜袋底部及一侧边剪开，摊开后把面团放到其中一面的正中间，盖上另一面，将面团稍微压扁约 3 厘米厚度。

9 推平

一只手在上面抓紧保鲜袋，另一只手拿擀面棍由上而下推平但不推到底，在底部需留一点面团，稍微转个方向继续重复由上而下的动作，每次都留一些面团在最底部，以便将塔皮擀圆而不变成椭圆形。

10

让塔皮的大小超出塔圈 2 厘米，塔皮擀好后连同保鲜袋一起放入冰箱冷藏至少 1 小时。

入烤膜

1 洒上手粉

从冰箱拿出冷藏的塔皮后，将保鲜袋撕开，洒上手粉后抹开盖起。

2 两面洒手粉

将另一面塑保鲜袋撕开重复上面动作。两面都要洒上手粉以免黏手。

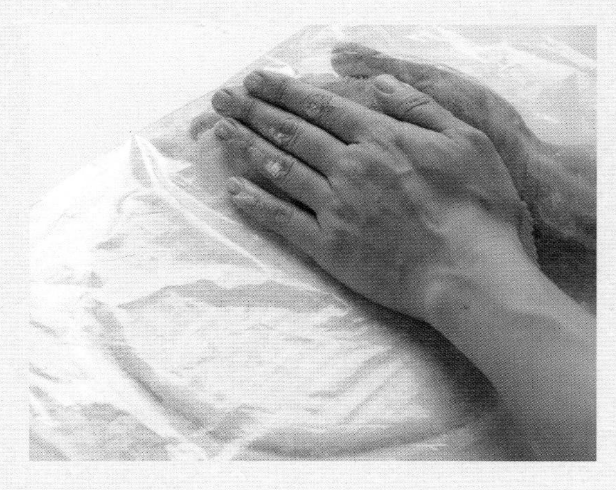

3 放在塔圈中间

确认塔皮软硬度是否可以弯起而不断裂，然后将塔皮放在塔圈的中间。

4 入模

快速地将塔皮以折裙褶的方式入模。

5 贴合塔圈

入模后将塔皮边轻轻提起，塞入底部使塔皮的底边完全贴合塔圈。

6 沿着塔圈用大拇指轻轻贴合塔皮，再将多余的塔皮向外折，用擀面棍由中间往上和中间往下的方式滚压，将多余的塔皮去掉。

7 再一次用大拇指沿着塔圈轻轻贴合塔皮将空气挤压出去后，放入冰箱冷冻 15 分钟直到塔皮变硬。

垫纸加派石

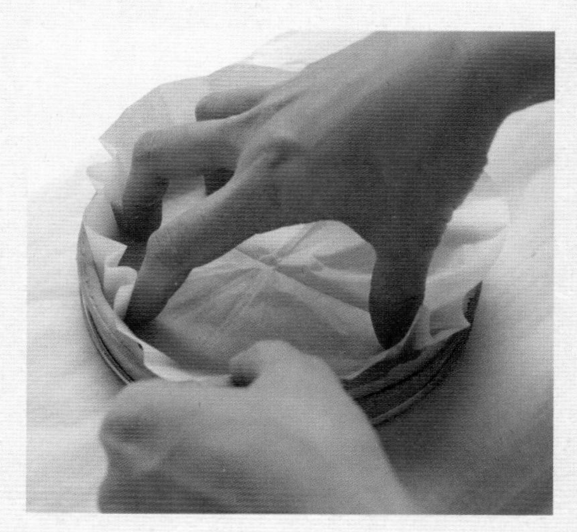

1 取一张剪成圆形的烘焙纸，用手以大蜘蛛的方式将烘焙纸放入塔皮中。

2 在侧边打折让烘焙纸可以贴合塔皮，避免烘烤时烘焙纸陷入塔中破坏外型。

3 放入适量的派石。

4 派石必须紧贴着塔皮的侧边，只有这样，烘烤时塔皮才不会因受热而滑落变形。

5 在烤好的塔皮上刷上一层薄薄的全蛋液，再放入烤箱烤 5 分钟，这样可延长塔皮因内馅而变湿的时间。

巧克力甘纳许的乳化技巧

甘纳许是巧克力与鲜奶油或者牛奶的融合，有时在这个基础上会加入果泥或是酒类可以增添甘纳许的风味。但巧克力是个很固执的角色，分子与分子间也相当团结，如果不好好跟它“谈判”，巧克力是不会让外来食材加入的，所以制作甘纳许不但要有技巧还马虎不得，只有这样才能做出滑顺细致的巧克力甘纳许。

在制作甘纳许时，最害怕的就是水分子的进入，因为一旦有水分进入巧克力，会马上造成紧缩与分离，整锅巧克力就不能用了。

另外，传统溶解巧克力的方式是以隔水加热方式溶解。但近年来微波炉很流行，也可以用微波炉来加热，每一次以 500W 加热 30 秒，直到巧克力溶解。

1 隔水加热

将巧克力用隔水加热的方式融化，在小锅中放入约两三厘米的水，煮沸后关小火，把装有巧克力的金属容器放上去，利用锅中蒸气让巧克力融化，开水不直接接触到上方的容器，避免水珠进入到巧克力中。

2 鲜奶油加入巧克力中

将鲜奶油加热至锅边出现细微泡泡后关火，加入已融化的巧克力中。

3 用打蛋器在搅拌盆中间画圈圈搅拌。

4 搅拌至巧克力与鲜奶油融合在一起。

5 **乳化融合**

当中心的巧克力与鲜奶油达成共识后，就会感染其余的巧克力，让他们与鲜奶油手牵手变成好朋友。

6 此时搅拌盆中心的巧克力与鲜奶油经过搅拌后开始融合，质地比周围还要滑顺有光泽。

7 倒入蛋液，重复乳化融合的步骤。

8 持续搅拌直到整盆的甘纳许都呈现质地滑亮的状态。

9 将完成的巧克力甘纳许倒入已烤好的塔壳中放入烤箱烤焙。

抹鲜奶油的技巧

小时候吃着鲜奶油蛋糕夹着水果的记忆总是非常欢乐，吹蜡烛、打鲜奶油仗，吃了一块还要再吃好几块。用鲜奶油水果海绵蛋糕庆生早已成为家家户户的传统，我想这跟蛋糕外层那雪白的装饰和漂亮的裱花有很大的关系。虽然我从小总是喜欢把厚厚的鲜奶油刮掉只吃蛋糕和水果，但能够锻炼自己抹蛋糕及挤花的功力一直是我学习甜点之路的一个重要目标。好像会抹鲜奶油蛋糕就很厉害，不管你爱不爱吃那鲜奶油。

然而要抹鲜奶油蛋糕，不是只有勤练手上功夫，逻辑及顺序上先搞清楚，才能帮助你驾驭鲜奶油蛋糕，这条路就不会走得太辛苦。

首先，在开始抹蛋糕前我们要使用到两种打发程度不一样的鲜奶油。

八分：打发至八分的鲜奶油是抹在蛋糕上的第一层，也是夹层要使用的鲜奶油，它的作用就像蛋糕的紧身衣，紧紧地贴在蛋糕上，形成第一个层修饰蛋糕的鲜奶油。如果你的蛋糕因为烤得不平、切歪或没有漂亮的直角，都要借着抹八分鲜奶油时修正你的蛋糕，让它在抹完时就是一个漂亮平整不歪斜的圆柱体。

七分：打发至七分还有一点流动感的鲜奶油，是用来装饰蛋糕的外衣，意思就像是帮海绵蛋糕穿上一件又厚又轻的羽绒衣。也因为具有流动感的七分鲜奶油能够使抹刀的笔触消失，让外表看起来相当柔滑，所以当使用七分鲜奶油抹完蛋糕时就在此时画下句点。

鲜奶油打得太硬时，无法使蛋糕表层看起来滑顺；而当你使用抹刀来回刮抹鲜奶油太多次，也会使鲜奶油越变越硬，你的蛋糕看起来也会越来越粗糙。所以要适可而止。

1 准备抹鲜奶油

将海绵蛋糕平分切成三层，将第二层蛋糕翻转放在最下面当蛋糕底，第一层放在中间，最底下的第三层因为底部有最平整的直角，所以当海绵蛋糕中最上层的那一层。每次涂抹鲜奶油时应将鲜奶油放在蛋糕的中心处再开始涂抹，在这里我们使用的是打发至八分的鲜奶油。

2 推开

将抹刀像坐海盗船一样，从中心左右来回推开八分发的鲜奶油，一边转动蛋糕转盘，使鲜奶油推到蛋糕边缘。

3 在这个过程中，抹刀不能离开鲜奶油，最后固定抹刀，几乎与鲜奶油贴平并转动蛋糕转盘让鲜奶油平整。

4 摆上已切成薄片的水果，然后重复刚才的动作抹上鲜奶油盖住水果，再放上另一层蛋糕。

5

6

7

8

9

10

11

摆上最上层的蛋糕时，请用蛋糕烤模底盘轻轻下压蛋糕，使蛋糕平整。

12

帮蛋糕穿上第一层紧身衣

抹刀像坐海盗船一样，从中心左右来回推开打发八分的鲜奶油，一边转动蛋糕转盘，使鲜奶油推到蛋糕边边。过程中抹刀不离开鲜奶油，最后固定抹刀，几乎与鲜奶油贴平并转动蛋糕转盘让鲜奶油平整。

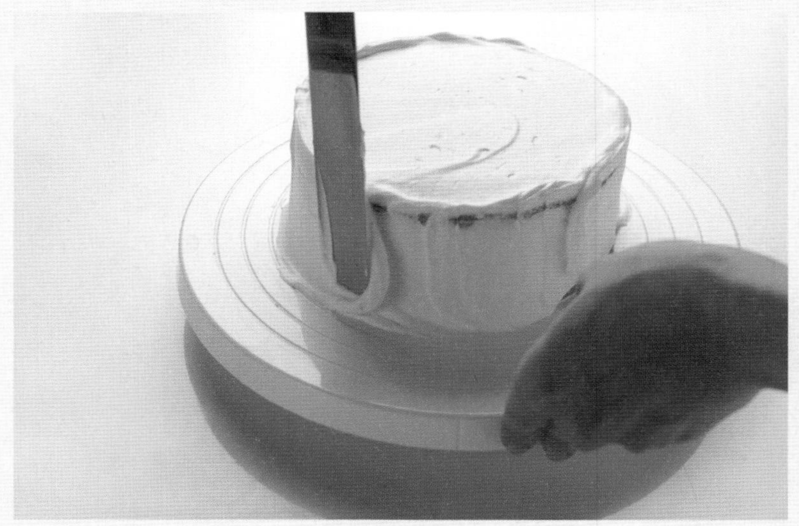

13 侧边涂抹

作为一个右撇子来说，将八分的鲜奶油涂抹在蛋糕侧边，用抹刀在蛋糕的七点钟到九点钟方向来回移动，像是画一个“8”字型使鲜奶油先均匀分布到蛋糕的侧边，最后抹刀固定在八点钟位置，与蛋糕形成10°角，固定抹刀并转动蛋糕转盘，使侧边鲜奶油平整。如果是左撇子，那么抹刀请以相反方向三点钟至五点钟方向来回移动。

14 整理蛋糕下缘的鲜奶油。

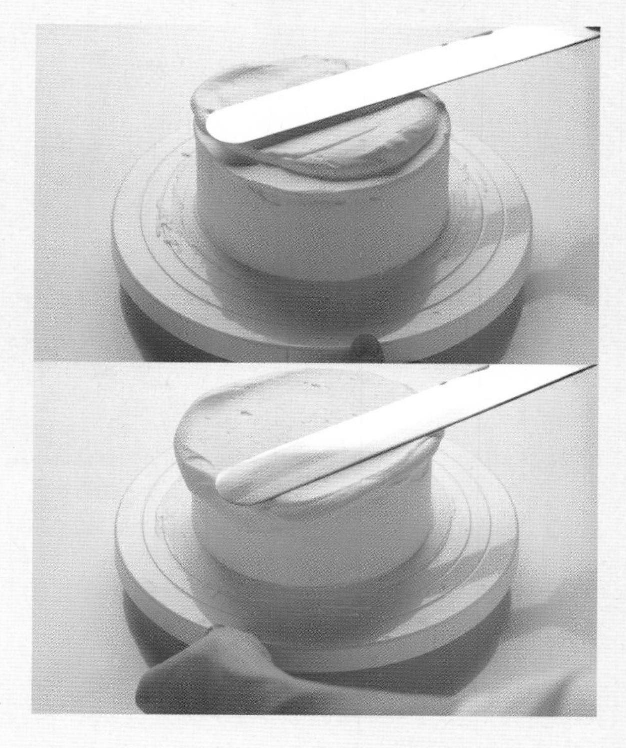

15 将蛋糕抹上第二层鲜奶油，重复上述步骤。

16 收边

将抹刀以“几乎贴平”蛋糕的角度，将蛋糕边上方多余的鲜奶油向内轻轻带入收边，呈现蛋糕边缘的 90° 的直角。

TIPS

在鲜奶油装饰中，以蛋糕收边成 90° 角最为重要，侧边及蛋糕顶面若抹不完美还有方法能装饰，但蛋糕边缘 90° 角才是显现功力的地方。

挤花的技巧

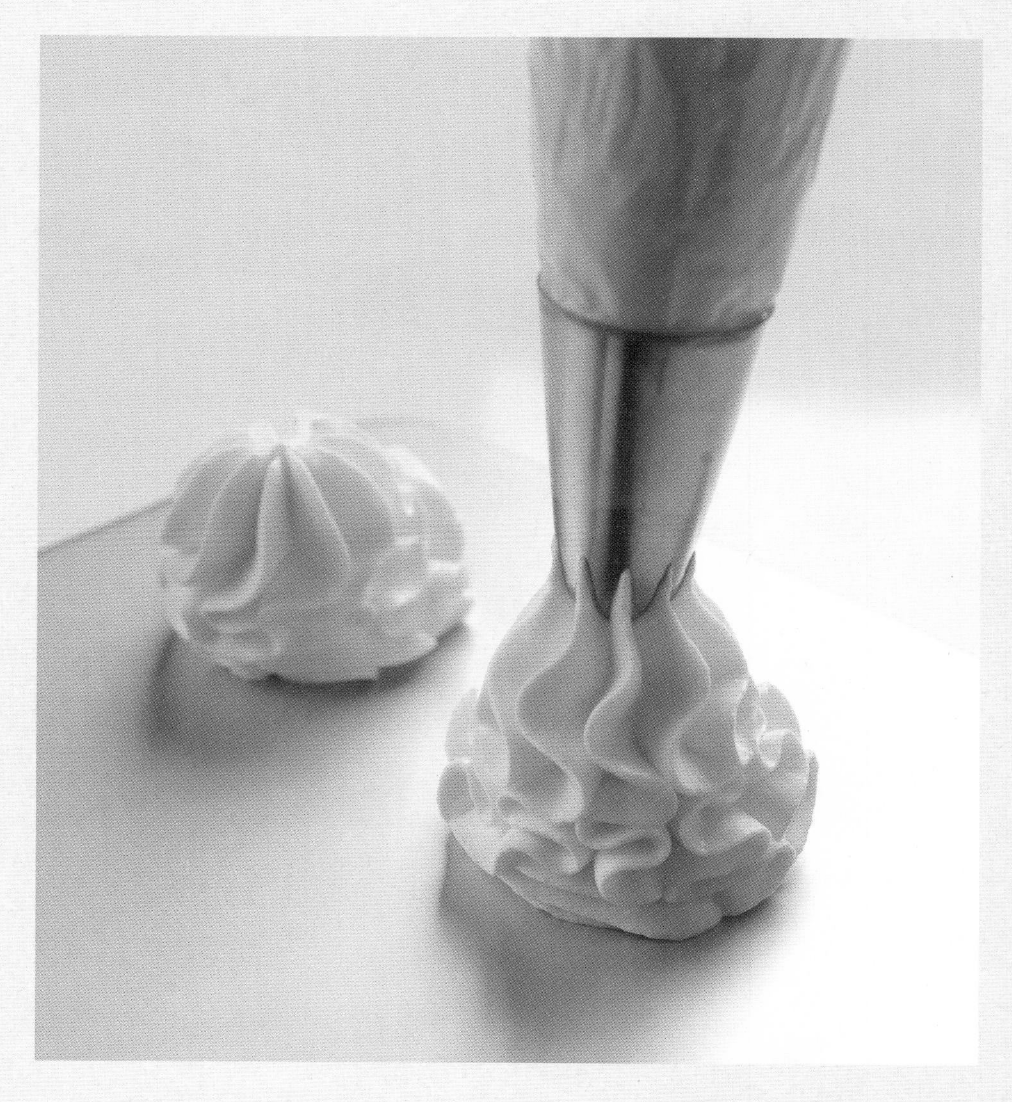

挤花及使用裱花袋是一个很有趣的动作，时常看到对挤花还不是很熟悉的同学，已经挤得额头冒汗珠了奶油就是出不来，原来是手的位置与施力点早已在奶油上方而忘了往下移，所以怎么用力奶油都出不来。此时要放轻松，别那么紧张！

如果你要挤的食材是鲜奶油，切记鲜奶油遇热是会融化的，所以请别让你的另一只手紧紧抓住整包裱花袋，否则鲜奶油会像牛奶一样一直滴下来。

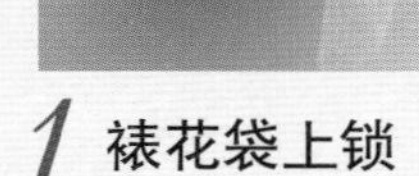

1 裱花袋上锁

裱花袋放入裱花嘴後，请养成良好的习惯，在裱花嘴上端约約一厘米的位置扭转裱花袋，再塞入裱花嘴中。

2 虎口夹住裱花袋，手心对花嘴

将虎口夹住刚刚好在食材结束的位置，手心张开朝下对着挤花嘴。

3 不旋转上面，转下面

不要旋转抓裱花袋那只手上方的部分，而是要旋转手下方的裱花袋，让裱花袋收紧。

4 转过来

将裱花袋转紧后倒过来，让花嘴朝上。

5 解锁

把一开始上锁的挤花头往上拉，再旋转开。

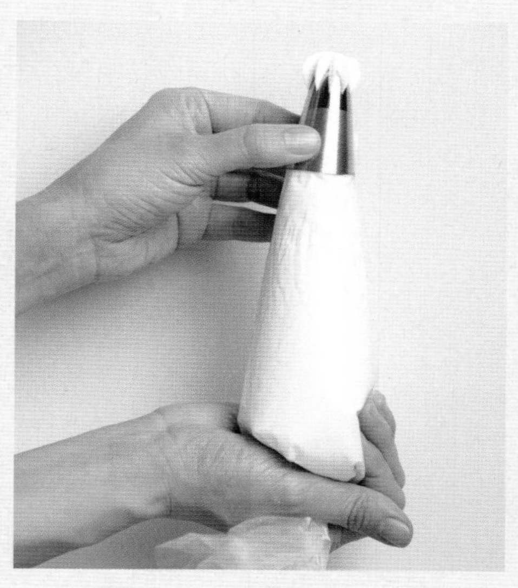

6 再转紧

将鲜奶油往上方推进接近花嘴的位置。

7 再转紧

再次转紧裱花袋。

8 挤花

挤花的施力点在于抓裱花袋的那只手，而下面的另一只手只需轻轻扶住花嘴的方向。

卷蛋糕卷的技巧

卷蛋糕这个动作似乎是很多人的噩梦，其实真的没有这么可怕，除了在卷蛋糕的过程中可以暂停，还能倒退和前进，就像放电影一样！

要想轻松卷蛋糕卷，必须先注意两个重点。

内馅涂抹只有在既定的范围内，卷蛋糕时才能从容不迫。

要先帮蛋糕体柔软它的身段，才不会还没卷到一半就拦腰折断。

1 蛋糕切边

将蛋糕放在大张的长方形烘焙纸上，先切掉蛋糕左右两边约 1.5cm，上下两边则斜切 45°，使蛋糕呈现梯形，斜切的两端需为上边及下边。

2 内馅涂抹范围

请避开蛋糕周围的ㄇ字型，离边大约 2 厘米左右均匀涂抹内馅。这个动作可以避免蛋糕卷好后流失内馅而造成食材的浪费。

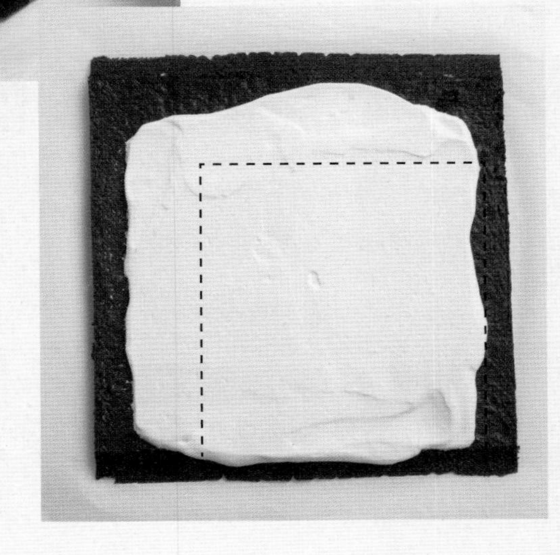

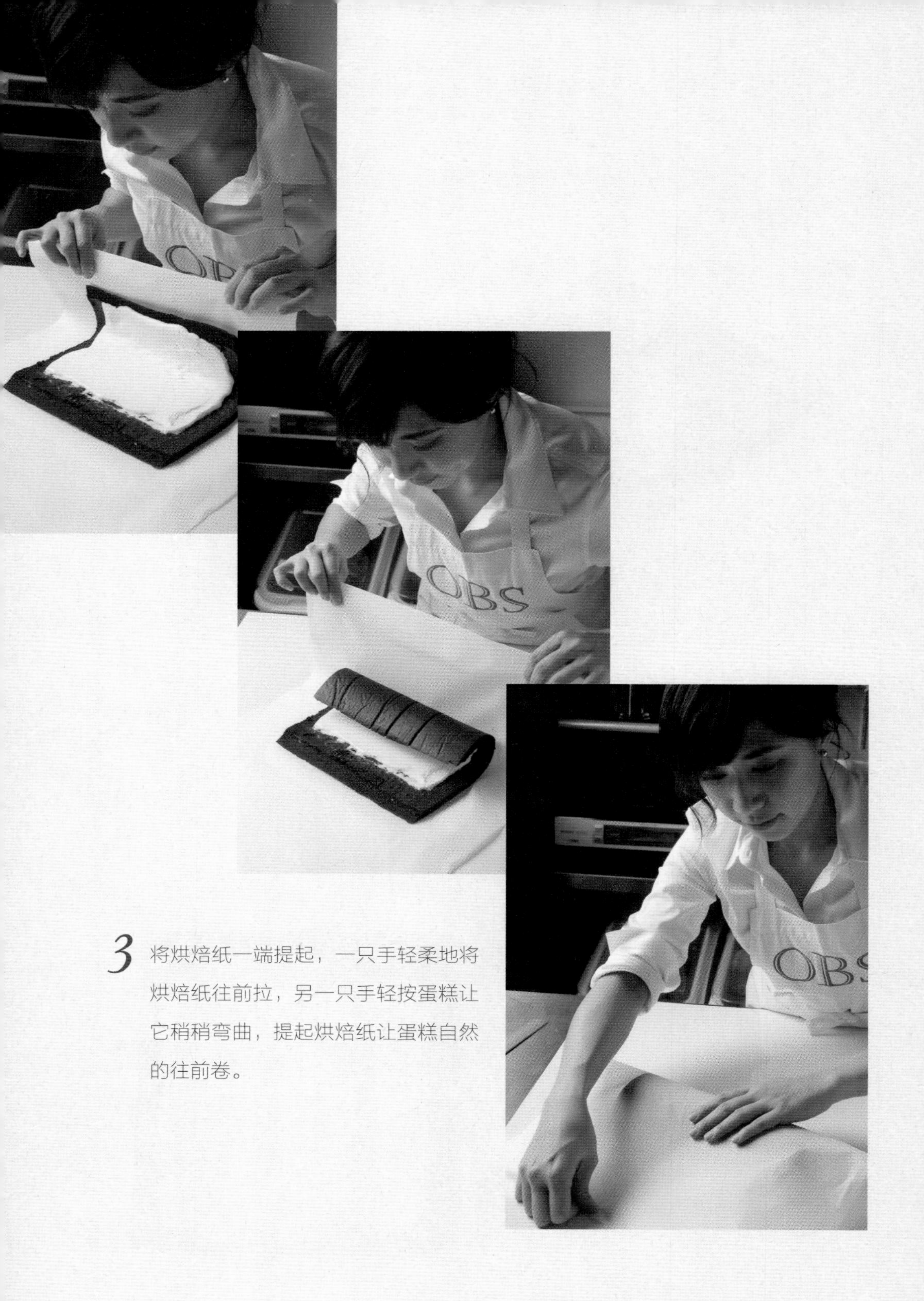

3 将烘焙纸一端提起，一只手轻柔地将烘焙纸往前拉，另一只手轻按蛋糕让它稍稍弯曲，提起烘焙纸让蛋糕自然的往前卷。

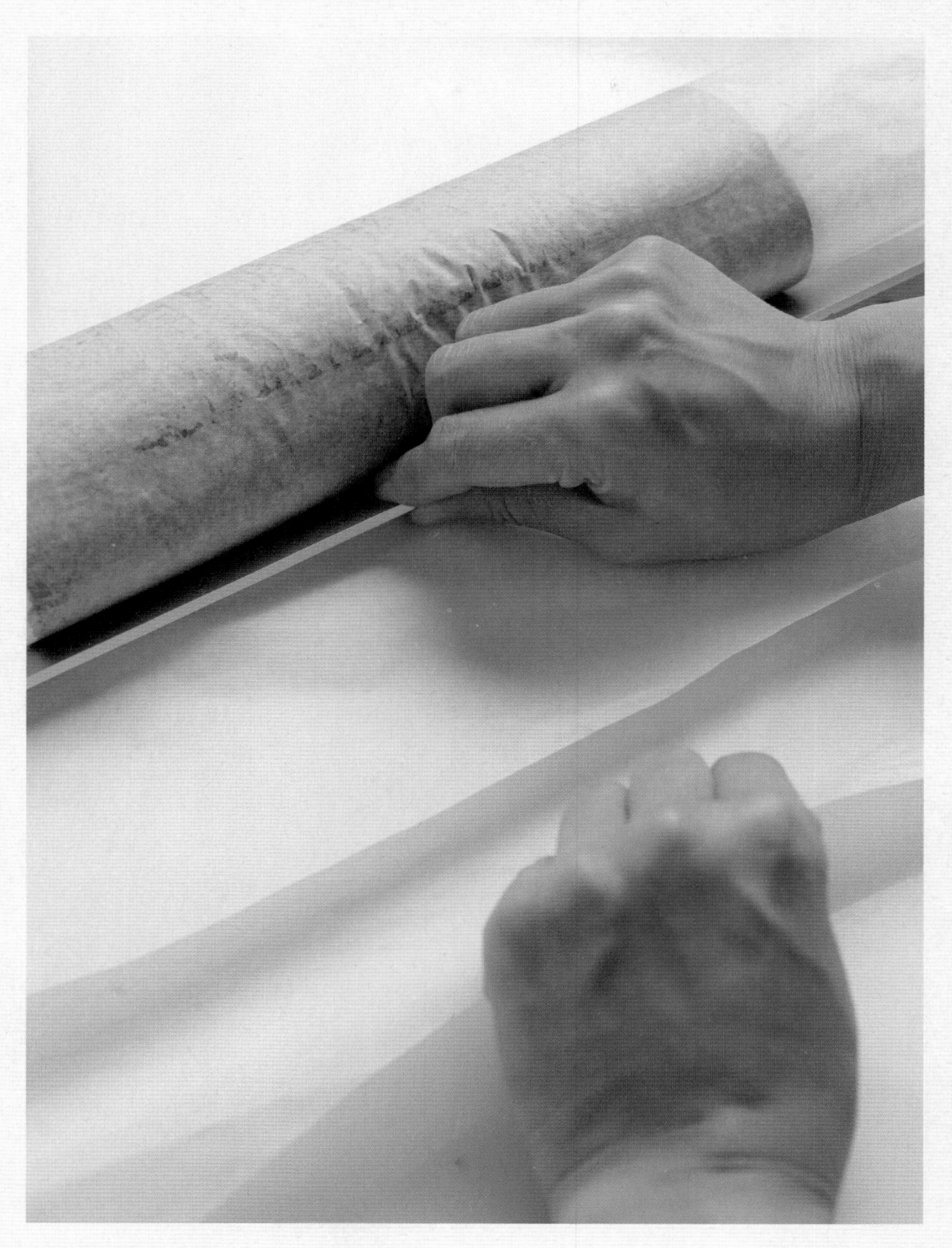

4 卷起后连同烘焙纸换个方向，用长尺或长的硬纸板从蛋糕底部向前推，另一只手将下面那张烘焙纸往自己的方向拉，再收紧。

CAN'T WAIT
FOR THE
Cake
The MICHELIN Guide

Baking your way to happiness

通向幸福的烘焙之路

柠檬塔

材料（直径 14cm 塔圈 1 份）

塔皮：
低筋面粉…60g
海盐…1 小撮
糖粉…24g
无盐奶油…36g
杏仁粉…7g
蛋液…14g

内馅：
柠檬果泥…40g
柠檬皮…3.5g
蛋液…35ml
砂糖…40g
无盐奶油（室温）…60g
吉利丁粉…2g
水…10ml

准备工作

1. 将塔皮材料中的低筋面粉、海盐、糖粉、杏仁粉全部过筛混合好后放入搅拌盆中，把称好的无盐奶油放在干料上，全蛋液也需称好一起放入冰箱冷藏约 30 分钟。
2. 内馅材料中的吉利丁粉与水在使用前的 15 分钟，先融合并放入冰箱冷藏，在使用前放入微波炉中加热融化后再使用。

做法

1. 请将手洗干净，烤箱预热至 170℃。
2. 将塔皮材料从冰箱拿出来，用刮板先切成小粒状，加入蛋液辗压拌匀，形成面团。
3. 将面团擀成约比塔圈多 3cm 大小的圆形塔皮，放入冰箱至少冷藏 1 小时。
4. 将冰过的塔皮拿出来并洒上高筋面粉以免塔皮黏手，在适当的软度时将塔皮放入塔圈中。
5. 垫上烘焙纸，放入派石后以 170℃烤 25 分钟，拿起派石，刷上蛋液，再以相同的温度烤 5 分钟后取出，使其凉透。
6. 将柠檬果泥与柠檬皮放在锅中加热到 85℃，关火，加入砂糖及融化后的吉利丁粉拌匀后，循序加入蛋液。
7. 待柠檬蛋液降温到 35℃时，分 4～5 次加入到室温的无盐奶油当中用打蛋器搅拌均匀。
8. 将柠檬奶酱倒入已烤好的塔当中，使用抹刀抹平，放入冰箱冷藏 2～3 小时。在塔边洒上一圈糖粉及些许柠檬皮，完成！

TIPS

将柠檬奶酱加入无盐奶油融合时一定要分次加入，每次加入后一定要搅拌，待柠檬奶酱与室温奶油完全融合后再加入下一次的柠檬奶酱。若一次性加入太多的柠檬奶酱会导致油水分离。
另外，如果奶油温度过低也会造成融合困难，请注意奶油温度必须在 24～28℃。

草莓杏仁塔

材料（14cm 塔圈 1 份）

塔皮
- 无盐奶油（室温）…35g
- 糖粉…25g
- 蛋黄…1 颗
- 香草精…1/4 茶匙
- 低筋面粉…60g

内馅
- 无盐奶油…30g
- 砂糖…30g
- 全蛋…30g
- 杏仁粉…30g
- 莱姆酒…1/2 茶匙

鲜奶油酱
- 鲜奶油…50g
- 果酱…15g
- 糖粉…10g

装饰配料
- 新鲜草莓（小颗）…约 16～20 颗
- 果酱…30g
- 水…2 茶匙

准备工作

1. 将蛋、无盐奶油回归室温。
2. 将低筋面粉、糖粉、杏仁粉、糖粉分别过筛后放在一旁。

做法

1. 请将手洗干净，烤箱预热至 180℃。
2. 使用打蛋器将塔皮材料中的无盐奶油和糖粉搅拌均匀后加入蛋液，持续搅拌均匀直到形成膏状后加入香草精和低筋面粉。
3. 切拌均匀后利用盆边将面团压匀后放到保鲜膜中间，擀成约比塔圈大 2～3cm 的圆形塔皮，放入冰箱冷藏 1 小时。
4. 取出冰过的塔皮，在塔皮上洒上手粉以免塔皮黏手。
5. 将塔皮在适当的软度时放入塔圈中，整理塔边后放入冰箱中冷却一下。
6. 烤箱温度为 180℃烤 15～20 分钟，烤好后转移至架上刷上蛋液再烤五分钟后拿出，在架上放凉，随后放入冰箱中冷藏降温。
7. 用打蛋器将内馅材料中的奶油及糖粉搅拌均匀后分 3～4 次加入蛋液，在最后一次加入蛋液前先拌入杏仁粉后再拌入蛋液和莱姆酒。
8. 待塔皮冷却后从冰箱拿出放入内馅。入烤箱温度为 180℃烤 25～30 分钟，烤好后转移至架上放凉。
9. 将鲜奶油、果酱和糖粉打发至九成，抹在放凉后的杏仁塔上，摆上草莓。
10. 将果酱和水加热，水开后将果酱过筛，再轻刷在草莓上面即可。

法式乡村香蕉塔

材料（直径 14cm 塔圈 1 份）

塔皮：
- 无盐奶油（室温）…35g
- 糖粉…25g
- 蛋黄…1 颗
- 香草精…1/4 茶匙
- 低筋面粉…60g

内馅：
- 杏仁粉…20g
- 砂糖…22g
- 全蛋…60g
- 柠檬汁…1/8 茶匙
- 莱姆酒…3/4 茶匙
- 无盐奶油（溶解）…13g
- 香蕉…1 根

准备工作

将蛋、无盐奶油回归室温。低筋面粉请先过筛备用。

做法

1. 请将手洗干净，烤箱预热至 180℃。
2. 用打蛋器将塔皮材料中的奶油及糖粉搅拌均匀后加入蛋液，持续搅拌均匀直到形成膏状后加入香草精和低筋面粉。
3. 切拌均匀后利用盆边将面团压匀后放到塑胶膜中间，擀成约比塔圈大 2～3cm 的圆形塔皮，放入冰箱冷藏 1 小时。
4. 取出冰过的塔皮，在塔皮上洒上高筋面粉以免塔皮黏手。
5. 将塔皮在适当的软度时放入塔圈中，整理塔边后放入冰箱中冷却一下。
6. 烤箱温度为 180℃烤 15～20 分钟，烤好后转移至架上刷上蛋液再烤五分钟后拿出。
7. 在烤好的塔上摆上切好的香蕉片，香蕉切每片约 2cm。
8. 将内馅材料中的杏仁粉和砂糖混合好，同时将蛋液分 2～3 次加入杏仁粉中搅拌均匀。
9. 依序加入柠檬汁、莱姆酒后，最后加入溶解好的奶油搅拌均匀。
10. 将内馅倒入塔中即可放进烤箱，以温度 180℃烤 40～45 分钟。
11. 取出，趁热刷上莱姆酒，之后可以依照个人喜好刷上果酱。

TIPS

在切香蕉片时，请注意两端是否为平行的平面，否则放入塔壳里的香蕉不美观。

法式苹果杏仁塔

材料（6 寸 ×1 颗）

塔皮：
- 无盐奶油…50g
- 糖粉…30g
- 蛋…18g
- 香草精…1/4 茶匙
- 低筋面粉…100g

内馅：
- 无盐奶油…40g
- 糖粉…35g
- 蛋…40g
- 莱姆酒…1/2 茶匙
- 杏仁粉…40g

苹果片：
- 苹果…1 颗
- 细砂糖…5g
- 无盐奶油…5g

果酱：
- 杏桃果酱…50g
- 水…1 大匙
- 糖粉…适量

准备工作

将蛋、无盐奶油回归室温。将低筋面粉、糖粉、杏仁粉、糖粉分别过筛后摆在一旁。

做法

1. 请将手洗干净，烤箱预热至 180℃。
2. 用打蛋器将塔皮材料中的奶油及糖粉搅拌均匀后加入蛋液，持续搅拌均匀直到形成膏状后加入香草精和低筋面粉。
3. 切拌均匀后利用盆边将面团压匀后放到塑料膜中间，擀成约比塔模大 2～3cm 的圆形塔皮，放入冰箱冷藏 1 小时。
4. 取出冰过的塔皮，在塔皮上洒上高筋面粉以免塔皮黏手。
5. 将塔皮在适当的软度时放入塔模中，用叉子将塔底部均匀戳几下，整理塔边后放入冰箱中冷却一下。
6. 烤箱温度为 180℃烤 15～20 分钟，烤好后转移至架上刷上蛋液再烤五分钟后拿出，在架上放凉，随后放入冰箱中冷藏降温。
7. 使用打蛋器将内馅中的奶油及糖粉搅拌均匀后分 3～4 次加入蛋液，在最后一次加入蛋液前先拌入杏仁粉后再拌入蛋液及莱姆酒。放入内馅后在冰箱中冷却。
8. 将苹果切成四瓣，再切成约 2～3mm 的薄片，贴着塔的边缘成放射状重叠摆放。
9. 放好苹果片后均匀洒上细砂糖、放上奶油后进烤箱。
10. 将苹果杏仁塔放进烤箱后以 180℃烤 45～50 分钟，烤好后转移至架上放凉。
11. 将果酱和水放入锅中用小火加热至沸腾后关火，将果酱刷在放凉后的苹果杏仁塔上。最后在边缘洒上糖粉即可。

核桃咖啡慕斯塔

材料（直径 14 cm 塔圈 1 份）

塔皮
- 低筋面粉…60g
- 海盐…适量
- 糖粉…24g
- 杏仁粉…7g
- 奶油…36g
- 全蛋液…14g

底馅
- 核桃仁（切碎至 7～8mm）…25g
- 砂糖…25g
- 鲜奶油…12g
- 奶油（室温）…7g

慕斯内馅
- 全蛋…4g
- 蛋黄…12g
- 浓缩咖啡…9g
- 砂糖…12g
- 水（A）…5g
- 吉利丁粉…2g
- 水（B）…10g
- 鲜奶油…60g

准备工作

将塔皮材料中的低筋面粉、海盐、糖粉、杏仁粉全不过筛混合好后放入搅拌盆中，把称好的奶油放在干料上，全蛋液也需称好一起放入冰箱冷藏约 30 分钟。

做法

1. 请将手洗干净，烤箱预热至 170℃。
2. 将塔皮材料从冰箱中拿出来，用刮板先切成小粒状，加入全蛋液辗压拌匀形成面团。
3. 将面团擀成约比塔圈多 3cm 大小的圆形，放入冰箱冷藏至少一小时。
4. 冰过的塔皮并洒上高筋面粉以免塔皮黏手，在适当的软度时将塔皮放入塔圈中。
5. 垫上烘焙纸，放入派石后以 170℃烤 25 分钟，拿走派石，刷上蛋液，再以相同的温度烤 5 分钟后，取出使其凉透。
6. 塔皮烤好后铺上核桃仁，砂糖放入锅中焦化后倒入室温鲜奶油和奶油，拌匀后直接倒入塔皮内。
7. 先将水（B）倒入吉利丁粉放入冰箱冷藏凝结备用，打发全蛋和蛋黄，同时把砂糖和水（A）煮成糖浆，待升温至 117℃时加入已打发的蛋中继续打发。
8. 将凝结的吉利丁加热融化后加入到浓缩咖啡里拌匀，再加入已打发的蛋中。
9. 鲜奶油打至七分发，分次加入浓缩咖啡搅拌均匀。
10. 蛋液中混合均匀，倒入塔中抹平，边缘洒上糖衣碎核桃仁，放入冰箱冷藏至少 30 分钟！

TIPS

糖衣核桃仁做法：将 7g 砂糖放入锅中融化形成淡咖啡色后，加入 7g 核桃仁炒拌均匀后，将焦糖核桃仁切碎即可。

至爱巧克力塔

材料（直径 14 cm 塔圈 1 份）

A（塔皮）
- 无盐奶油（室温）…35g
- 糖粉…25g
- 蛋黄…1 颗
- 香草精…1/4 茶匙
- 低筋面粉…60g

B（内馅）
- 全蛋…20g
- 牛奶…30g
- 鲜奶油…75g
- 巧克力（切碎）…75g
- 无盐奶油（室温）…7g

- 蛋黄…1 颗
- 牛奶…5g
- 可可粉…适量

准备工作

将蛋、无盐奶油牛奶请回归室温。

做法

1. 请将手洗干净，烤箱预热至 180℃。
2. 用打蛋器将塔皮材料中的奶油及糖粉搅拌均匀后加入蛋液，持续搅拌均匀直到形成膏状后加入香草精和低筋面粉。
3. 切拌均匀后利用盆边将面团压匀后放到塑料膜中间，擀成约比塔圈大 2～3cm 的圆形塔皮，放入冰箱冷藏 1 小时。
4. 取出冰过的塔皮，在塔皮上洒上高筋面粉以免塔皮黏手。
5. 将塔皮在适当的软度时放入塔圈中，整理塔边后放入冰箱中冷却一下。
6. 烤箱温度为 180℃烤 15～20 分钟，烤好后转移至架上刷上蛋液再烤五分钟后拿出。
7. 请将内馅材料的全蛋和牛奶搅拌均匀，备用，同时将鲜奶油加热至锅缘出现小泡泡。
8. 把加热好的鲜奶油倒入巧克力中静置 2～3 分钟后，在中心画小圈圈的形式搅拌，将鲜奶油和巧克力融合。
9. 搅拌好后倒入蛋液牛奶，同样以中心画小圈圈的形式搅拌均匀，再加入室温的无盐奶油搅拌均匀。
10. 将巧克力酱倒入烤好的塔皮中，放入烤箱以 180℃烤 20 分钟。
11. 取出，凉透后放入冰箱至少冷藏 3 小时，切塔前洒上可可粉即可。

百利甜酒咖啡奶酒重奶酪蛋糕

材料（6寸 ×1颗）

巧克力脆饼：
- 低筋面粉…35g
- 全麦面粉…10g
- 可可粉…10g
- 砂糖…40g
- 海盐…1 小撮
- 无盐奶油…30g

内馅：
- 奶油奶酪…200g
- 砂糖…40g
- 全蛋…1 颗
- 蛋黄…1 颗
- 鲜奶油…40g
- 百利甜酒…60ml
- 浓缩咖啡…1 茶匙
- 低筋面粉…15g
- 香草精…1/2 茶匙
- 70% 黑巧克力…15g

准备工作

将巧克力脆饼材料备好后请放入冰箱冷藏至少 30 分钟。

做法

1. 请将手洗干净，烤箱预热至 180℃。
2. 将无盐奶油、砂糖和海盐放入搅拌盆中，用小刮板将无盐奶油切成小块混合均匀。
3. 再将低筋面粉和全麦面粉、可可粉筛入搅拌盆中，碾压翻面后再切细。
4. 把准备好的巧克力脆饼料放在烤盘上铺平后放进烤箱，以 180℃烤 10 分钟，烤好后取出，稍稍放凉就放到冰箱冷冻中降温，再放入烤模中压平。
5. 将全蛋和蛋黄混合均匀成蛋液，备用。用电动搅拌器以低速将奶油奶酪和砂糖搅拌均匀后，分四次加入蛋液拌匀。
6. 加入低筋面粉后再拌匀，将鲜奶油分 2～3 次加入，百利甜酒分 2～3 次加入，再加入浓缩咖啡和香草精拌匀。
7. 倒入烤模中轻敲释出空气，将融化后的巧克力淋在面糊表面，用筷子画出花样。
8. 放入烤箱以 180℃烤 20 分钟，温度降低至 150℃烤 25 分钟即可。

TIPS 1

底层的巧克力脆饼从备料到制作都需要维持相当的低温，如果在混合食材的时候发现食材开始变黏，就代表奶油温度过高。这会导致巧克力脆饼烤好后软软湿湿的！
如果操作过程中发现材料温度上升时别慌，将整盆材料放回冷藏中约 30 分钟后再拿出来重新操作即可。
如果喜欢巧克力脆饼的口感，可以多烤一些放在密封盒中冷藏，可以随时加冰淇淋或松饼搭配一起吃。

TIPS 2

所有内馅的液状材料都要分好几次加入，待确实融合后才能再倒入搅拌。

南瓜奶酪派

材料（6寸 ×1颗）

脆饼

无盐奶油（冷藏）…40g
砂糖…40g
海盐…适量
低筋面粉…35g
全麦面粉…15g
可可粉…5g

蛋糕体

南瓜（烤熟）…200g
无盐奶油（加热溶解）…60g
奶油奶酪…170g
红砂糖…75g
全蛋蛋液…90g
肉桂粉…适量
莱姆酒…适量
低筋面粉…13g

准备工作

1. 将脆饼材料备好后放入冰箱冷藏至少 30 分钟。
2. 南瓜先切块后以 190℃烤 30 分钟，去皮备用。

做法

1. 请将手洗干净，烤箱预热至 180℃。
2. 将无盐奶油、砂糖和海盐放入搅拌盆，用小刮板将无盐奶油切成小块混合均匀，再将筛好的干料倒入盆中混合均匀。
3. 把准备好的派底料放在烤盘上铺平后放进烤箱，以 180℃烤 10 分钟，烤好后稍稍放凉后，取出就放到冰箱冷冻中降温，再放入烤模中压平。
4. 将烤熟的南瓜和溶解后的无盐奶油拌匀，烤箱预热至 170℃。
5. 用电动搅拌机以低速将奶油奶酪打散，依序加入所有蛋糕体的材料。
6. 将南瓜奶酪酱倒进备好的烤模中，以 170℃烤 40～45 分钟，取出，放凉。
7. 凉透后放入冰箱冷藏至少 3 小时风味更佳。

TIPS

请挑选小颗绿色的板栗南瓜，质地以干松为优。

双料轻奶酪蛋糕

材料（6 寸 ×1 颗）

杏仁蛋糕底：
全蛋…65g
蛋黄…25g
杏仁粉…55g
砂糖…35g

蛋白…50g
砂糖…35g

低筋面粉…25g
中筋面粉…25g
无盐奶油…25g

轻奶酪：
奶油奶酪…110g
糖粉…20g
蛋黄…40g
牛奶…15ml
柠檬汁…8ml
低筋面粉… 17g
鲜奶油 …20g
无盐奶油…33g
牛奶 …60ml
蛋白…65g
砂糖…33g

奶酪酱：
奶油奶酪…65g
无盐奶油…33g
糖粉…16g
香草精…1/8 茶匙

准备工作

1. 将蛋、奶油奶酪、无盐奶油回归室温。
2. 低筋面粉过筛后放置一旁，将鲜奶油、牛奶、无盐奶油加热溶解。

做法

1. 请将手洗干净，烤箱预热至 170℃。
2. 将全蛋与蛋黄隔水加热至 40℃，加入砂糖与杏仁粉用电动搅拌器打发至淡黄色。
3. 在另一个搅拌盆中将蛋白加入砂糖后打发至形成小山丘状，倒在杏仁面糊上面。
4. 把低筋面粉和中筋面粉过筛在打发好的蛋白上，搅拌均匀后加入溶解后的奶油，翻拌均匀，倒入准备好的烤模中。
5. 放入烤箱以 170℃烤 45 分钟，当蛋糕烤好后取出，放凉，切成厚约 1cm 的薄片，作为轻奶酪蛋糕的底层。
6. 用搅拌器把奶油奶酪和砂糖搅拌均匀后，分四次加入蛋黄拌匀。
7. 再依次放入牛奶、柠檬汁、低筋面粉低速拌匀，分次加入溶解的鲜奶油、牛奶、无盐奶油用打蛋器拌匀。
8. 在另一个搅拌盆中将蛋白和砂糖打发至小丘状，将混合好的奶酪面糊倒入蛋白中，卷拌均匀。
9. 最后将混合好的面糊倒入已铺好底层的烤模中，放入烤箱以 170℃烤 60 分钟。
10. 奶油奶酪和无盐奶油放入搅拌盆中并确认软度，用电动搅拌器搅拌均匀，再加入糖粉和香草精拌匀。
11. 将打发好的奶酪酱倒在凉透的蛋糕上，并用抹刀抹平即可！

HITACHI

OBS

核桃香蕉磅蛋糕

材料（24cm 细长型磅蛋糕 ×1 个）

无盐奶油…75g
红糖…100g
海盐…1 小撮
蛋液…40g
香蕉…2 根

中筋面粉…48g	干料
低筋面粉…37g	
泡打粉…1/2 茶匙	
苏打粉…1/2 茶匙	
肉桂粉…1/8 茶匙	

核桃…30g

准备工作

1. 蛋、无盐奶油回归室温。
2. 面粉、泡打粉、苏打粉、肉桂粉一起过筛后备用。
3. 将核桃仁切约 7～8mm 的大小，以 170℃烤 7 分钟。
4. 烤模中放入裁切好的烘焙纸。

做法

1. 请将手洗干净，将烤箱预热至 170℃。
2. 用叉子将一根香蕉碾压成泥状，再将另外一根香蕉切成块状备用。
3. 将室温的奶油用打蛋器拌开来，加入红糖、海盐。
4. 持续搅拌成膏状后分 3 次加入蛋液（保留 1/4 蛋液）。
5. 分 2～3 次拌入筛好的干料，当粉快看不见时加入剩下的 1/4 蛋液及香蕉泥。
6. 加入香蕉块及核桃，拌匀后放入烤模，以 170℃烤 40～45 分钟。
7. 出炉后待放凉即可！

TIPS

将切块的香蕉放入面糊时请轻轻混合，避免过度搅拌使香蕉化开。

橄榄奶酪磅蛋糕

材料（24cm 细长型磅蛋糕 ×1 个）

无盐奶油（室温）…85g
杏仁粉…113g
糖粉…62g
——混合好备用

全蛋…20g
蛋黄…30g
蛋白…55g
砂糖…20g
综合香料…适量
——放在一起

黑橄榄（去籽切片）…30g
绿橄榄（去籽切片）…30g

低筋面粉…30g
烧菓子粉…30g
——放在一起过筛

奶油奶酪…50g（切 1cm 丁状）
德国香肠…50g（切丁）
——切 1cm 丁状后冷冻备用

准备工作

将烤模放入裁切好的烘焙纸。

做法

1. 请将手洗干净，将烤箱预热至 180℃。
2. 用打蛋器确认奶油为室温的软度后加入事先备好的杏仁粉和糖粉搅拌均匀。
3. 放在一起的全蛋及蛋黄分两次加入，搅拌均匀。
4. 在另一个搅拌盆中将蛋白打发、加入砂糖，打发到蛋白形成小山丘状。
5. 在原来的蛋黄杏仁粉面糊中加入自己喜欢的综合香料、橄榄及切好的德国香肠，温和搅拌。
6. 之后分两次加入打发好的蛋白，翻拌均匀。
7. 最后加入切成小丁状的奶油奶酪，再轻拌几下。
8. 将面糊放入裱花袋中，入模，放入烤箱以 180℃烤 45 分钟即可！

TIPS

将切块并冷冻过的奶油奶酪放入面糊时请轻轻混合，避免过度搅拌使奶油奶酪化开。

柠檬磅蛋糕

材料（24cm 细长型磅蛋糕 ×1 个）

低筋面粉…45g
中筋面粉…40g
泡打粉…1/4 茶匙
砂糖…120g
柠檬皮…1 颗
全蛋…140g
鲜奶油（室温）…30g
莱姆酒…1 茶匙
柠檬汁…30ml
海盐…1 小撮
无盐奶油（溶解）…55g

糖粉…100g
柠檬汁…10ml
水…10ml
柠檬皮屑…适量

准备工作

1. 将低筋面粉、中筋面粉和泡打粉一起过筛后备用。
2. 将裁切好的烘焙纸放入烤模中。

做法

1. 请将手洗干净，将烤箱预热至 180℃。
2. 用手指搓揉柠檬皮与砂糖，使柠檬香气释出后加入全蛋蛋液中打发至浓稠淡黄色。
3. 依序加入室温鲜奶油、莱姆酒、柠檬汁与海盐搅拌均匀后分两次拌入过筛后的面粉和泡打粉。
4. 加入约 45～50℃的溶解后的无盐奶油，拌匀后倒入烤模，以 180℃烤 35～40 分钟。
5. 将柠檬汁与水加入糖粉中，再加入柠檬皮拌匀。
6. 待蛋糕烤好放凉后，将柠檬糖霜均匀地刷在蛋糕四周。

TIPS

我用的是绿柠檬哦！

焦糖核桃仁磅蛋糕

材料（24cm 细长型磅蛋糕 ×1 个）

砂糖…75g
鲜奶油（室温）…90g

无盐奶油（室温）…180g
砂糖…225g
全蛋（室温）…180g
香草精…1 茶匙
低筋面粉…180g
杏仁粉…20g
海盐…1/4 茶匙
泡打粉…1 茶匙

核桃仁…140g

准备工作

1. 核桃仁以 170℃烤 7 分钟，并切小至 7～8mm 大小备用。
2. 低筋面粉、海盐及泡打粉请过筛备用。
3. 杏仁粉请过筛备用。
4. 将烤模放入裁切好的烘焙纸。

做法

1. 请将手洗干净，烤箱预热至 180℃。
2. 将砂糖放入锅里以中火加以溶解，当砂糖到达深咖啡色后加入室温的鲜奶油搅拌均匀放置一旁降温备用。
3. 将奶油与砂糖打发至淡黄色，再将全蛋分 5～6 次加入与奶油搅拌均匀。
4. 随后加入所有的干料拌匀后，倒入已放凉的焦糖浆，再拌入核桃仁。
5. 将面糊倒入烤模，以 180℃烤 40 分钟。
6. 切片即可。

TIPS

制作焦糖浆的过程当中，当鲜奶油倒入焦糖锅中时，请快速搅拌均匀以免焦糖冷却结块而无法顺利融合成焦糖浆。

原味戚风蛋糕

材料（6 寸 ×1 个）

蛋…4 颗（室温）
上白糖…90g
牛奶…60ml
无盐奶油…60g（切成丁状）
低筋面粉…75g
泡打粉… 1/2 茶匙
海盐…少许

准备工作

1. 蛋、牛奶、无盐奶油请回归室温。
2. 把面粉，泡打粉及海盐拌匀过筛后放置一旁。

做法

1. 请将手洗干净，烤箱预热至 180℃。
2. 将牛奶和奶油用微波炉加热溶解。
3. 蛋黄打发至淡黄色后加入溶解后的无盐奶油及牛奶搅拌均匀，再次筛入面粉等干料，并用打蛋器搅拌均匀。
4. 将蛋白打发分两次加入上白糖，打发至形成小山丘且蛋白透出光泽。
5. 将打发好的蛋白分 2～3 次拌入蛋黄面糊中，卷拌均匀细致。
6. 将面糊倒入准备好的烤模中，以 180℃烤 30～35 分钟。
7. 出炉后倒置放凉，待凉透后脱模即可。

TIPS

1. 卷拌蛋白的动作请参照 p54 蛋白卷拌的技法说明。
2. 戚风的烤模是不能抹奶油的，因为戚风蛋糕中的面粉量低，导致蛋糕没有支撑力，烤焙当中需要靠烤模边缘的支撑慢慢爬上来，这也就是为什么戚风烤模中间都会有个烟囱，因为蛋糕中心也需要烟囱才能帮助戚风顺利往上爬，像蜘蛛人一样。烤模一旦抹了奶油，可怜的戚风只有拼命往下滑的分哦！

抹茶戚风蛋糕

材料（6寸 ×1个）

鸡蛋…4颗（室温）
上白糖…110g
抹茶粉…8g
水…25ml
牛奶…80 ml
无盐奶油…65g（切成丁状）
低筋面粉…80g
泡打粉…1/2 茶匙
海盐…少许

准备工作

1. 将鸡蛋回归室温。
2. 把低筋面粉、泡打粉和海盐拌匀过筛后放置一旁。

做法

1. 请将手洗干净，烤箱预热至 180℃。
2. 将水与抹茶粉搅拌溶解后加入牛奶中混合均匀。
3. 将抹茶牛奶及无盐奶油加热溶解，待完全溶解后关火。
4. 蛋黄打发至淡黄色加入溶解的奶油及抹茶牛奶拌均匀，再次筛入面粉等干料，并用打蛋器搅拌均匀。
5. 将蛋白打发分两次加入砂糖，打发至形成小山丘且蛋白透出光泽。
6. 将打发好的蛋白分 2～3 次拌入蛋黄面糊中，卷拌均匀细致。
7. 将面糊倒入准备好的烤模，以 180℃烤 30～35 分钟。
8. 出炉后倒置放凉，待凉透后脱模即可。

可可戚风蛋糕

材料（6寸 ×1个）

鸡蛋…4颗（室温）
上白糖…70g
可可粉…15g
牛奶…80ml
无盐奶油…60g（切成丁状）
低筋面粉…75g
泡打粉…1/2茶匙
海盐…少许

准备工作

1. 将鸡蛋回归室温。
2. 把面粉，泡打粉及海盐拌匀过筛后放置一旁。

做法

1. 请将手洗干净，烤箱预热至180℃。
2. 将可可粉加入牛奶中煮沸前关火再加入奶油溶解，待完全溶解后关火。
3. 将蛋黄打发至淡黄色后，加入溶解好的无盐奶油及可可牛奶拌均匀，再次筛入面粉等干料，并用打蛋器卷拌均匀。
4. 将蛋白打发分两次加入上白糖，必须形成尖挺的小丘且蛋白透出光泽。
5. 将打发的蛋白分2～3次拌入蛋黄面糊中，卷拌均匀细致。
6. 将面糊倒入准备好的烤模中，以180℃烤30～35分钟。
7. 出炉后倒置放凉，待凉透后脱模即可。

OBS
Olive Bakery
Studio

咖啡戚风蛋糕

材料（6寸 ×1个）

鸡蛋…4颗（室温）
上白糖…80g
牛奶…60ml
无盐奶油…60g（切成丁状）
炼乳…22g
速溶咖啡粉…9g
低筋面粉…75g
泡打粉…1/2茶匙
海盐…少许

准备工作

1. 将鸡蛋回归室温。
2. 把面粉，泡打粉及海盐拌匀过筛后放置一旁。

做法

1. 请将手洗干净，烤箱预热至180℃。
2. 将牛奶、炼乳、速溶咖啡粉加热后搅拌均匀，再加入无盐奶油待完全溶解后关火。
3. 蛋黄打发至淡黄色加入溶解的奶油及牛奶拌均匀，再次筛入面粉等干料，并用打蛋器搅拌均匀。
4. 将蛋白打发分两次加入上白糖，打发至形成小丘且蛋白透出光泽。
5. 将打发的蛋白分2～3次拌入蛋黄面糊中，卷拌均匀细致。
6. 将面糊倒入准备好的烤模，以180℃烤30～35分钟。
7. 出炉后倒置放凉，待凉透后脱模即可。

快速料理食譜
無油炸物
清潔/脫臭
34 牛排
35 烤全雞
36 烤豬肉
37 烤牛肉
38 烤豬肋排
39 焗烤類
40 炒雞
41 中式蒸白肉魚
43 香烤地瓜
44 自製食品
45 漢堡排
46 香草烤雞
47 酥炸雞塊
48 油炸食物
49 炸腰內豬排
50 炸雞排
51 炸蝦
52 簡易蒸煮
53 簡易燒烤
54 簡易燉煮
55 早餐套餐
58 冷凍烤肉品
59 冷凍烤魚類
60 爐內清潔
61 脫臭
食譜/選擇/溫度/時間
ALTHY CHEF
健康選擇
強弱設定
手動加濕
手動
決定
取消
HITACHI
日本製造

抹茶生乳卷

材料（24cm 蛋糕卷 ×1 个）

全蛋…150g
砂糖…45g
低筋面粉…45g
全脂牛奶…10g
蜂蜜…8g
抹茶粉…5g
水…15g（室温）

全脂牛奶…200g
香草荚…2cm
砂糖…36g
蛋黄…2 颗
低筋面粉…20g
无盐奶油…16g
抹茶粉…3g

鲜奶油…100g
抹茶粉…适量

准备工作

1. 将蛋、无盐奶油回归室温。
2. 折 26cm×26cm 的烘焙纸模备用。
3. 低筋面粉请过筛，蜂蜜请加入牛奶中搅拌均匀备用。

做法

1. 请将手洗干净，烤箱预热至 190℃。
2. 抹茶粉与水均匀混合加入蜂蜜牛奶中备用；将全蛋与砂糖打发至淡黄色呈现缎带状。
3. 筛入低筋面粉切拌均匀后加入抹茶蜂蜜牛奶切拌均匀，倒入纸模，放入烤箱以 190℃烤 11 分钟。
4. 将蛋黄及砂糖搅拌到形成淡黄色后加入低筋面粉拌匀，把牛奶、香草荚一起放入锅中加热至沸腾前关火。
5. 将加热后的香草牛奶加入蛋黄面粉锅中搅拌均匀后再倒回热锅中，边以小火加热边以耐热刮刀搅拌以免沾锅底。
6. 形成卡士达酱后加入奶油溶解搅拌均匀、冷却。
7. 将冷却的卡士达酱拌软后加入抹茶粉搅拌均匀备用。
8. 鲜奶油打发至七分备用；待抹茶蛋糕冷却后，将蛋糕上的烘焙纸轻撕下，在两端约 1cm 处斜切蛋糕边。
9. 避开 ⊓ 形三边 2cm 的蛋糕体，其余地方均抹上抹茶卡士达酱及打发好的鲜奶油，轻轻地大大卷起，卷好后用烘焙纸固定，放入冰箱冷藏至少 2 小时后再切片，并于两日内食用！

TIPS

请务必确认抹茶粉完全溶解于水中，用小刮刀将结块的抹茶粉碾压开来。若抹茶粉溶解不完全，蛋糕体颜色将会偏淡而且会有不均匀的绿色点状。

粉嫩蛋糕卷

材料（15cm×15cm，2个）

蛋黄…4颗（室温）
细砂糖…40g
植物油…45g
水…45ml
香草精…少许
低筋面粉…90g

蛋白…4颗（室温）
细砂糖…50g

奶油奶酪…40g
果酱…60g
鲜奶油…180g
时令水果切丁…适量

准备工作

1. 蛋请回归室温。
2. 将30g水及15g糖煮沸后放凉形成糖浆，准备26cm×26cm的烘焙纸模备用。
3. 折17cm×17cm的纸模备用。

做法

1. 请将手洗干净，并把烤箱预热至180℃。
2. 用电动搅拌器以高速将蛋黄及砂糖打发至淡黄色直到形成缎带状，再加入植物油以低速打均匀。
3. 分两次加入水，低速打匀后加入香草精持续打匀，筛入面粉等干料，切拌均匀。
4. 将蛋白打发分两次加入砂糖，打发至形成小丘且蛋白透出光泽，将打发的蛋白分两次拌入蛋黄面糊中。
5. 当面糊搅拌均匀后倒入折好的纸模中，使用刮板刮平表面，轻敲烤盘两下送进烤箱以180℃ 14～17分钟。
6. 烤好后取出，为避免蛋糕干燥请盖上干布。
7. 用电动搅拌器以低速将奶油奶酪及果酱拌匀，并在另一个搅拌盆中将鲜奶油打发至八分。
8. 将蛋糕上的烘焙纸撕下，去边切半后在蛋糕两端约1cm处斜切蛋糕，拍上糖浆。
9. 将打发好的果酱奶油涂抹在蛋糕上，避开П形三边2cm的蛋糕体，以免卷蛋糕时内馅挤出太多。
10. 洒上切好的水果丁，卷起。
11. 卷好后用烘焙纸固定放入冷藏至少二小时后再切片，并于两日内食用！

TIPS

选择蛋糕卷内的水果请把握以下几个原则：

- 不能选择太硬脆的水果，如苹果、芭乐。
- 不能选择还水分太高及有籽的水果，如凤梨，西瓜。
- 最好是莓类，带皮无籽的水果。而且一定要去籽、切块，再用厨房纸巾吸干后使用。

巧克力生乳卷

材料（24cm×24cm，1个）

（1）
全蛋…150g
砂糖…70g

（2）
蛋白…65g
砂糖…30g

（3）
可可粉…42g
低筋面粉…10g
泡打粉…1/4 茶匙

（4）
无盐奶油…12g
全脂牛奶…12g

（5）
鲜奶油（42%）…170g
糖粉…6g

准备工作

1. 将蛋、无盐奶油回归室温。
2. 折 26cm×26cm 的烘焙纸模备用。
3. 将（3）的干料请先过筛备用。

做法

1. 请将手洗干净，烤箱预热至 190℃。
2. 在打发好的全蛋里筛入（3）的可可粉、低筋面粉及泡打粉切拌均匀。
3. 加热溶解（4）的奶油及牛奶，拌入面糊中切拌均匀。
4. 再把打发好的蛋白均匀拌入到面糊后，倒入纸模以 190℃烤 11 分钟。
5. 烤好在架上放凉，将蛋糕上的烘焙纸轻轻撕下后，在蛋糕两端约 1cm 处斜切蛋糕边。
6. 避开∩形三边 2cm 的蛋糕体，其余地方均抹上打发好的鲜奶油，轻轻大大卷起。
7. 卷好后用烘焙纸固定放入冰箱冷藏至少两小时后再切片，并于两日内食用！

TIPS

这款好吃的甜点，因为食材单纯，最重要的就是可可粉与鲜奶油的品质，一定要尽可能找最优质的食材，如此单纯的蛋糕才会好吃。

HEALTHY CHEF

怪兽泡芙水果堡

材料（8 颗）

泡芙壳：
水…27ml
牛奶…23ml
无盐奶油 A…20g
海盐…1 小撮
低筋面粉…30g
全蛋蛋液…65ml

脆皮饼干：
无盐奶油 B…40g
砂糖…26g
蛋…8g
杏仁粉…22g
低筋面粉…30g

卡士达酱：
蛋黄…5 颗
砂糖…80g
低筋面粉…40g
牛奶…340g
香草空荚…1/2 支

打发鲜奶油：
鲜奶油…210g
糖粉…10g

新鲜水果…适量

做法

1. 请将手洗干净，将烤箱预热至 200℃。
2. 把室温的无盐奶油 B 和砂糖搅拌，加入蛋搅拌均匀后，加入杏仁粉和低筋面粉拌匀成面团。
3. 将面团擀成厚度约 0.5cm、长宽 16×8 的长方形，冷冻 10 分钟后用 4cm 的圆形压模压出 8 个圆形饼干面团。
4. 把牛奶、水、海盐、奶油 A 放入锅中小火煮沸后关火，加入低筋面粉搅拌形成面团，循序加入蛋液搅拌。
5. 将面糊装入裱花袋中，使用 1cm 的裱花嘴，挤出 8 个直径约 4cm 的泡芙在烘焙纸上，放上饼干面团。
6. 放进烤箱以 200℃烤 12 分钟，再以 180℃烤 8 分钟，随后降至 160℃烤 15 分钟。
7. 将蛋黄和砂糖打发成淡黄色，加入低筋面粉均匀搅拌，将加热过的牛奶 1/2 加入蛋黄面粉锅中搅拌均匀。
8. 再倒回锅中，边以小火加热边以耐热刮刀搅拌，形成卡士达酱彻底加热搅拌均匀至柔滑发亮。
9. 将卡士达放进已消毒过的盘中、服贴上保鲜膜迅速冷却。鲜奶油加入糖粉打发至九分放入冰箱冷藏备用。
10. 将冷却后的卡士达酱加入 80g 的鲜奶油搅拌均匀，将卡士达鲜奶油倒入 1cm 花嘴的裱花袋。
11. 将放凉的泡芙在离顶端 1/3 处切开，挤入卡士达酱，再挤上一圈鲜奶油，水果围绕着鲜奶油摆一圈即可！

水果闪电泡芙

材料（12cm × 3cm × 8 条）

泡芙材料

全脂牛奶…40 ml
水…40 ml
海盐…1 小撮
无盐奶油…30g
低筋面粉…40g
全蛋蛋液…80～90g

卡士达酱

蛋黄…4 颗
砂糖…66g
全脂牛奶…210ml
香草空荚…1/2 支
低筋面粉…28g
无盐奶油…16g
鲜奶油（打发至七分）…53g

做法

1. 请将手洗干净，烤箱预热至 200℃。
2. 把牛奶、水、盐、无盐奶油放入锅中小火煮沸后加入低筋面粉，搅拌形成面团，循序加入蛋液搅拌完全。
3. 将面糊装入裱花袋中，使用星形裱花嘴，挤出 12cm × 1.5cm 大小的泡芙，以 200℃烤 20 分钟，再以 160℃烤 30 分钟。
4. 将蛋黄及砂糖搅拌到形成淡黄色后加入低筋面粉拌匀，把牛奶、香草荚一起放入锅中加热至沸腾前关火。
5. 将热的香草牛奶加入蛋黄面粉锅中搅拌均匀后再倒回热锅中，边以小火加热边以耐热刮刀搅拌以免沾锅底。
6. 形成卡士达酱后加入奶油溶解搅拌均匀，过筛后冷却；将打发好的鲜奶油加入冷却的卡士达酱里搅拌均匀。
7. 将放凉的泡芙横切开，挤上卡士达酱后放上水果装饰即可！

口味变化

咖啡口味：当卡士达酱与鲜奶油拌匀后，加入即溶咖啡粉 1 茶匙拌匀。
开心果卡士达口味：当卡士达酱与鲜奶油拌匀后，加入 10g 开心果酱搅拌匀。

完美主妇泡芙

材料（8 颗）

泡芙壳材料

水…53ml
牛奶…46ml
无盐奶油…40g
海盐…2 小搓
低筋面粉…60g
全蛋蛋液…100ml
砂糖…1.5 茶匙
全蛋蛋液…适量

卡士达酱材料

蛋黄…4 颗
砂糖…66g
低筋面粉…35g
牛奶…335ml
巧克力…40g
鲜奶油…65g
香草精…1/4 茶匙
糖粉…适量

做法

1. 请将手洗干净，烤箱预热至 200℃。
2. 把牛奶、水、海盐、奶油放入锅中小火煮沸后加入低筋面粉确实搅拌形成面团，循序加入蛋液，搅拌完全。
3. 将面糊装入挤花袋中，使用 1 cm 的挤花嘴，挤出直径约 4～5 cm 的泡芙在烘焙纸上，送进烤箱。
4. 以 200℃烤 15 分钟，再以 190℃烤 15～20 分钟。

卡士达酱做法

1. 将蛋黄及砂糖搅拌到形成淡黄色后加入低筋面粉拌匀，将牛奶倒入锅中加热至沸腾前关火。
2. 将加热后的牛奶加入蛋黄面粉锅中搅拌均匀，过筛，倒回热锅中，边以小火加热边以耐热刮刀搅拌以免沾黏锅底。
3. 形成的卡士达酱彻底加热搅拌均匀至柔滑发亮，移至消毒过的搅拌盆中隔冰块冷却。
4. 把鲜奶油打发至 9 分放入冰箱冷藏备用，同时将巧克力隔水加热融解。
5. 取出 210g 的卡士达酱放入溶解好的巧克力搅拌均匀；剩余的卡士达酱加入香草精拌匀后再加入鲜奶油拌匀。
6. 将放凉的泡芙壳切开，香草卡士达酱放入挤花袋中先挤四颗泡芙；把剩余的卡士达酱跻入到巧克力酱里拌匀。
7. 把巧克力卡士达酱放入挤花袋，再挤入剩余的 4 颗泡芙壳中。
8. 洒上糖粉即可！

TIPS

做好的泡芙需在当日内食用完毕！

珍珠泡芙项链

材料（2串约6寸大小）

牛奶…42ml
水…45ml
海盐…1/4茶匙
砂糖…1/2茶匙
奶油…40g
低筋面粉…50g
全蛋…90g
蛋液…适量
珍珠糖…适量

奶油奶酪…80g
果酱…60g
鲜奶油…320g
糖粉…2茶匙

做法

1. 请将手洗干净，烤箱预热至200℃。
2. 把牛奶、水、海盐、奶油放入锅中小火煮沸后，加入低筋面粉搅拌形成面团，循序加入蛋液，搅拌完全。
3. 将面糊装入挤花袋中，使用1 cm的挤花嘴，挤出直径约3.5 cm的泡芙在烘焙纸上，送进烤箱。
4. 以200℃烤15分钟，再以170℃烤15～20分钟。
5. 用电动搅拌器以低速将奶油奶酪打发，循序加入冰冷的鲜奶油，以高速持续打发至8分再拌入果酱。
6. 将馅料装入挤花袋，在泡芙项链底部戳洞，挤入馅料。
7. 打上蝴蝶结放入冰箱冷藏即可！

摩卡镜面巧克力蛋糕

材料（8 cm×23 cm×1 条）

全蛋…180g ┐
砂糖…84g ┘ a
蛋白…78g ┐
砂糖…36g ┘ b
可可粉…50g ┐
低筋面粉…12g │ c
泡打粉…1/2 茶匙 ┘
无盐奶油…14g ┐
全脂牛奶…14g ┘ d

奶油…100g
奶油奶酪…35g
糖粉…25g
浓缩咖啡…9g
浓缩咖啡粉…1 茶匙
香草精…1/2 茶匙
可可粉…20g

细砂糖…20g
胡桃…20g

镜面淋酱：
水…50g
鲜奶油…42g
糖…45g
可可粉…20g
吉利丁…3g
水…15g

做法

1. 请先将手洗干净，烤箱预热至 190℃。
2. 请将 a 打发至淡黄色、再将 b 的蛋白及砂糖打发至 9 分，在打发的全蛋里筛入 c 的可可粉、面粉及泡打粉并切拌均匀。
3. 将加热溶解后的奶油与牛奶加入切拌，再将打发好的蛋白均匀拌入面糊中，倒入纸模以 190℃烤 11 分钟。
4. 请先在吉利丁中加入 15g 的水静置冷藏，将水、鲜奶油在锅中煮沸。
5. 加入可可粉、糖搅散后加热到沸腾离火稍凉，放入吉利丁与兰姆酒，过筛后静置待凉。将奶油、奶油奶酪和糖粉用电动搅拌器搅拌，加入浓缩咖啡、咖啡粉和香草精混合均匀。
6. 将咖啡奶油酱平均涂抹在蛋糕体上，洒上切碎的焦糖胡桃，放上第二片蛋糕体，重复第一层的动作后放上最后一片蛋糕体。
7. 待镜面淋酱降温到 30℃左右后均匀地淋在蛋糕上，完成！

丝绒巧克力

材料（10 颗）

62% 巧克力…52g
70% 巧克力…68g
无盐奶油（室温）…4g

鲜奶油…60g
水饴…8g
莱姆酒…1 茶匙

核桃仁…15g
核桃…15g
杏仁果…5g

准备工作

1. 坚果以 170℃烤 7 分钟，切成 7～8mm 的大小备用。
2. 折底 12cm × 12cm 的纸模，边高 5cm。

做法

1. 请将手洗干净。
2. 巧克力及无盐奶油隔水加热溶解。
3. 水饴加入鲜奶油中，加热至 85℃关火。
4. 将加热的鲜奶油分两次加入到溶解的巧克力中，进行乳化，使用打蛋器搅拌至柔滑、发亮、浓稠。
5. 把巧克力甘纳许倒入已经折好的纸模中，放入冰箱冷冻 30 分钟。
6. 待巧克力固定后将纸模撕下，修边，让巧克力形成整齐的四方形，切成 16 块。
7. 将其中 8 块裹上可可粉，将剩余的生巧克力加入切好的坚果里。
8. 均匀混合并分成 8 份，放入小片保鲜膜中，扭成球状。
9. 放入冰箱冷冻五分钟后拿出裹上糖粉即可！

TIPS

其实除了裹上糖粉、可可粉外，还有很多其他的选择，譬如说可以将坚果切成碎粒，裹上坚果粒；还可以裹上彩色的巧克力碎粒，也会有不同的乐趣！

艾爷的德式生日蛋糕

材料（6 寸蛋糕 ×1 个）

蛋（室温）…3 颗
细砂糖…110g

巧克力（70% 以上）…150g
鲜奶油…40g
Bourbon 酒…1 茶匙

中筋面粉…60g
低筋面粉…35g
海盐…1/4 茶匙
无盐奶油…150g

做法

1. 请将手洗干净。
2. 烤箱预热至 180℃。
3. 把巧克力与鲜奶油隔水加热溶解后，用打蛋器从中心搅拌开来进行乳化。
4. 将无盐奶油溶解后备用。
5. 将蛋与砂糖打发至呈现淡黄色。
6. 加入已溶解的巧克力，小心翻拌均匀。
7. 面粉及海盐分两次拌入，最后加入已溶解的奶油。
8. 倒入烤模当中，以 180℃烤 25 分钟。
9. 烤好后让蛋糕在烤模中凉透后取出放入冰箱。
10. 要吃以前再洒上可可粉。

TIPS

1. 艾爷是我亲哥哥，艾爷的德式生日蛋糕，也就是艾爷出差去德国时嫂嫂帮哥哥庆生时吃的巧克力蛋糕。
2. 艾爷的德式生日蛋糕刚出炉切开时，有点熔岩巧克力的效果，中间会有浓浓的巧克力浆流出。不是因为它没烤熟，而是因为这个配方的奶油与巧克力比例较高所导致的，所以别再送进烤箱一烤再烤哦！
3. 相对的，若放在冰箱冰冻过切开来就不会有巧克力浆咯！

熔岩巧克力蛋糕

材料（6 颗）

蛋糕体：
低筋面粉…23g
可可粉…6g
70% 深巧克力…70g
无盐奶油…70g
全蛋…115g
砂糖…70g

甘纳许：
鲜奶油…60g
70% 深巧克力…40g

准备工作

1. 蛋请回归室温。
2. 准备口径 5cm 的小纸模杯，高度约 4.5cm。

做法

1. 请将手洗干净，烤箱预热至 190℃。
2. 将鲜奶油与巧克力一同溶解后，拌匀倒入方盘中，放入冰箱冷藏约 20 分钟。
3. 从冰箱冷藏取出后，分成六等份，用保鲜膜包成六颗球形巧克力。
4. 再放入冰箱冷冻约 15 分钟。
5. 将巧克力、无盐奶油隔水加热溶解，待完全溶解后关火并搅拌均匀。
6. 把全蛋打散，加入砂糖搅拌均匀。
7. 将溶解好的巧克力奶油加入拌匀。
8. 再将低筋面粉与可可粉筛入至面糊中搅拌均匀。
9. 将巧克力面糊放入挤花袋。
10. 先挤至烤杯约 1/2 的位置，将冷冻的巧克力球放入。
11. 再将剩余的面糊挤入烤杯，每一杯注入约 8 分满。
12. 放入烤箱以 190℃烤 10～12 分钟，出炉后稍微放凉后洒上糖粉，完成！

TIPS

1. 做巧克力甜点一定要慎选，使用你能取得最好品质的巧克力。
2. 在全蛋打散的步骤里，我们使用的是打蛋器而非电动搅拌器，因为目的在于将蛋打散而非打发，打发的全蛋会造成巧克力蛋糕体在烤焙过程中过度膨胀，流出纸模杯或产生变形，不但不好看，口感也会变得松散哦！
3. 如果喜欢切开来有很多的巧克力酱流出，可以多做半份的甘纳许，多包六颗球形巧克力，塑型时要略偏细长。做好的熔岩巧克力冷却时中心会下陷留出一个空间，当要再回烤时，把事先做的细长形甘纳许放进去中心的洞，以 180℃回烤 3～5 分钟，切开时就会有让人尖叫的效果。

absolutely goes into the food
I make, every bite you take.
〈外帶〉 DRINKS TO GO
美式 Americano $120
卡布 Cappuccino $120
拿鐵 Latté $140

Watch what you eat three meals a day, look for balance in your diet. Eat a bit of everything, like a bit of everybody. Not for them, but for you!

Exercise regularly, so you look good and your skin is radiant.

Drink lots of water, it's essential. Get some good

よつ葉牛乳

蓝莓玛芬

材料（12 颗）

无盐奶油（室温）…120g
砂糖…140g
全蛋…2 颗

中筋面粉…90g
低筋面粉…210g
海盐…2 撮
泡打粉…2 茶匙

（以上为：干料）

全脂牛奶…100ml
新鲜蓝莓…200g
奶油奶酪…120g

准备工作

1. 请将干料事先混合过筛备用。
2. 将新鲜蓝莓洗净擦干备用。
3. 奶油奶酪切约 1cm 大小的丁状放入冷冻备用。

做法

1. 请将手洗干净，烤箱预热至 180℃。
2. 把砂糖加到室温的奶油当中，打发至淡黄色。
3. 将蛋液分 2～3 次加入面糊中混合均匀形成膏状。
4. 筛入 1/2 事先混合的干料拌匀后，加入一半的牛奶搅拌均匀。
5. 再重复一次加干料及加牛奶的动作，面糊拌匀后加入新鲜蓝莓，最后加入奶油奶酪。
6. 把面糊平均分配到纸杯里。
7. 以 180℃烤 20～25 分钟，烤好后拿出来到架上放凉即可！

香蕉玛芬

材料（12 颗）

中筋面粉…210g
低筋面粉…90g
苏打粉…1/2 茶匙
盐…1/4 茶匙
泡打粉…1/4 茶匙
（以上为干料）

上白糖…160g
蛋…2 颗
蔬菜油…2/3 杯
香草精…1/2 匙

熟香蕉…3 根

做法

1. 请将手洗干净。
2. 将烤箱预热至 180℃。
3. 把所有的干料都搅拌均匀摆在一旁。
4. 香蕉剥皮、切小块、并用汤匙稍微碾碎。
5. 上白糖与蛋打发至淡黄色，加入植物油，拌匀再加入香草精。
6. 将刚刚稍微辗碎的香蕉拌入。
7. 再将干料分三到五次拌入，直到看不到白白的面粉为止。
8. 将面糊分别倒入准备好的烤杯中。
9. 放入已预热好的烤箱，以 180℃烤 25 分钟。
10. 烤熟后取出放到架上放凉即可！

TIPS

用在甜点里的香蕉最好是已经成熟到香蕉外皮发黑，此时的香蕉香最为浓厚还含有酵素哦！

苹果肉桂玛芬

材料（12 个）

中筋面粉…210g
低筋面粉…90g
苏打粉…1/2 茶匙
盐…1/4 茶匙
泡打粉…1/4 茶匙

干料

砂糖…160g
蛋…2 颗
蔬菜油…2/3 杯
香草精…1/2 匙

奶油…10g
苹果…2 个
肉桂粉…1/2 茶匙
砂糖…10g

做法

1. 请将手洗干净。
2. 将烤箱预热至 180℃。
3. 将苹果去皮切成小方块状，放入奶油渐渐融化的平底锅中以中火不停拌炒，直到呈现苹果焦化半透明的状态。
4. 洒上肉桂粉搅拌均匀后再加入砂糖搅拌均匀，放在一旁备用。
5. 将砂糖与蛋打发至淡黄色，加入植物油，拌匀再加入香草精。
6. 把拌炒后的肉桂苹果放入面糊中切拌均匀，再将干料分三到五次拌入，直到看不到白白的面粉为止。
7. 将面糊分别倒入准备好的杯中，放入已预热好的烤箱中，烤 25 分钟。
8. 烤熟后取出放到架上放凉，完成！

TIPS

植物油请挑选没有特殊味道的油，比如葵花油、葡萄籽油。因为如果味道过于强烈，如橄榄油，烤出来的玛芬的味道会变得怪怪的！

-A-
DESIGN&LIFE
PROJECT

OBS

OBS

白巧蔓越莓饼干

材料（24～30块）

烧菓子粉…160g
苏打粉…1/2 茶匙
泡打粉…1/2 茶匙
海盐…1/8 茶匙

无盐奶油…93g
细红砂糖…53g
细砂糖…53g
蛋液…35ml
香草精…1/2 茶匙

白巧克力…80g
蔓越莓干…50g

准备工作

1. 将巧克力切碎至小块状。
2. 蔓越莓干过热水后拭干，切成约 7～8mm 的大小把所有干料准备好，拌匀，过筛后备用。

做法

1. 请将手洗干净。
2. 用电动搅拌器调至中速，把奶油、红砂糖、细砂糖打发呈现膨松淡黄色。
3. 循序加入蛋液、拌匀后加入香草精，随后将干料分三次加入拌匀，但不可过度搅拌。
4. 使用橡皮刮刀拌入切碎的白巧克力及蔓越莓干。
5. 拌匀后用保鲜膜服贴在面团上，放至于冰箱冷藏 24 小时。
6. 当要烤饼干时，把烤箱预热至 190℃，烤盘铺上烘焙纸。
7. 把面团取出，塑型成一颗颗的小球，放至于烤盘上。
8. 以 190℃烤 12～15 分钟或当饼干已呈现金黄色，从烤箱取出。
9. 让烤好的饼干留在烤盘上稍稍放凉后，再将饼干转移铁架上充分放凉即可。
10. 吃不完的饼干可置于密封盒中，室温下可保存五天。

TIPS

巧克力是相当会吸附周遭气味的材料，当面团在冰箱中休息至隔天时一定要做好重重防护措施，除了保鲜膜完全幅贴在面团上外，钢盆外还要再覆盖一层保鲜膜确保冰箱其他食物的味道不会跑进来。

曼哈顿巧克力饼干

材料（24～30块）

烧菓子面粉…160g
苏打粉…1/2茶匙
泡打粉…1/2茶匙
海盐…1/8茶匙

无盐奶油…93g
细红砂糖…53g
细砂糖…53g
蛋液…35ml
香草精…1/2茶匙

巧克力…130g
海盐…少许

做法

1. 请将手洗干净。
2. 使用电动搅拌器调至中速，把奶油、红砂糖、细砂糖打发呈现膨松淡黄色。
3. 循序加入蛋液、拌匀后加入香草精，随后将干料分三次加入拌匀，但不可过度搅拌。
4. 使用橡皮刮刀拌入巧克力碎块。
5. 拌匀后用保鲜膜包在面团上，放入冰箱冷藏24小时。
6. 当要烤饼干时，把烤箱预热至190℃，烤盘铺上烘焙纸。
7. 把面团取出，塑型成一颗颗的小球，放至于烤盘上。
8. 以190℃烤12～15分钟或当饼干已呈现金黄色，从烤箱取出，洒上海盐。
9. 让烤好的饼干留在烤盘上稍稍放凉后，再将饼干转移铁架上充分放凉即可。
10. 吃不完的饼干可置于密封盒中，室温处藏五天。

意大利脆饼 Biscotti

材料（12～18片）

烧菓子粉…95g
泡打粉…1/2茶匙
海盐…1撮
（以上过筛）

无盐奶油（室温）…15g
砂糖…30g
全蛋液…40g
香草精…1/3茶匙

白巧克力…30g
蔓越莓干…30g

蛋液…适量
砂糖…适量

准备工作

1. 请事先干料混合好过筛备用，无盐奶油及蛋都需室温。
2. 白巧克力切成约7～8mm的大小备用；蔓越莓干过热水后吸干水分，切成约7～8mm的大小备用。

做法

1. 请将手洗干净，烤箱预热至190℃。
2. 使用打蛋器将奶油及1/3的砂糖打发至淡黄色，再加入剩余的砂糖混合均匀。
3. 蛋液分3～4次加入到奶油面糊中，每次搅拌到蛋液吸收并形成膏状再加入蛋液，随后加入香草精搅拌均匀。
4. 拌入干料后，拌压形成面团，加入白巧克力及蔓越莓干。
5. 混合均匀后从搅拌盆里拿出整形成约20×4cm的细长面团形状，轻压至扁型。
6. 刷上蛋液，撒上砂糖，进烤箱以190℃烤25分钟。
7. 烤好后拿出待稍凉后，切成约0.8cm的厚度，分散开来平放在烤盘上。
8. 再以150℃烤30分钟即可！
9. 保存时请务必放在密封盒里，避免受潮软化。

夹心果酱莎布蕾

材料（心形原味 12 组、花型巧克力 24 片）

心形原味莎布蕾材料

无盐奶油（室温）…80g
糖粉…50g
砂糖…30g
全蛋液…30g
低筋面粉…100g
杏仁粉…50g
海盐…1 撮
粗砂糖…适量
草莓果酱…85g

花型巧克力莎布蕾材料

无盐奶油（室温）…65g
糖粉…40g
砂糖…35g
全蛋液…25g
低筋面粉…68g
可可粉…17g
杏仁粉…50g
海盐…1 撮
粗砂糖…适量

心形原味莎布蕾做法

1. 请将手洗干净，将烤箱预热至 180℃。
2. 使用打蛋器将室温的奶油及糖粉（分两次加入）搅拌均匀后循序加入蛋液。
3. 持续搅拌均匀直到形成膏状后筛入低筋面粉、杏仁粉及海盐。
4. 将形成好面团放入塑胶膜中擀约 3mm 的厚度，放入冷藏约一小时后，撒上手粉、
5. 压模。
将压好的饼干面团撒上粗砂糖，放入烤箱以 180℃烤 12～14 分钟或直到呈现淡
6. 淡焦糖色。
当饼干放凉后抹上喜欢的果酱，再放上另一片饼干，完成！

花型巧克力莎布蕾做法

1. 重复上述步骤，将可可粉、低筋面粉、海盐及杏仁粉一起筛入，其余步骤相同。
2. 将压好的花型饼干面团撒上粗砂糖，放入烤箱以 180℃烤 10～12 分钟即可！

TIPS

1. 有夹心的饼干请在当天食用完毕。
2. 没有夹心的莎布蕾可以放在密封盒中保存一星期。

花生酱饼干

材料（18～24片）

材料	
烧菓子粉…115g	花生原味
苏打粉…1/3茶匙	
无盐奶油（室温）…75g	
砂糖…45g	
二砂…45g	
全蛋…35g	
花生酱（带颗粒）…150g	
海盐…适量	

巧克力（切碎）…30g（花生巧克力）
香蕉泥（熟透）…30g（花生香蕉）

原味做法

1. 请将手洗干净，烤箱预热至170℃。
2. 将全蛋、花生酱与海盐搅拌均匀备用。
3. 将无盐奶油与砂糖搅拌打发直到奶油形成淡黄色，拌入花生酱搅拌均匀。
4. 随后将干料分两次拌入，形成饼干面团，将面团整形成直径约5cm的长条圆柱形。
5. 用烘焙纸或塑胶膜包紧后放入冰箱冷藏至少一小时，从冰箱中拿出切片约0.5cm/片的厚度，摆在烤盘上。
6. 进烤箱以170℃，15～18分钟，完成！

花生巧克力口味做法

当花生原味面团混合好后加入30g的巧克力拌匀，再将面团整形成直径约5cm的长条圆柱形其余步骤皆相同。

花生香蕉口味做法

当花生原味面团混合好后加入30g的香蕉酱拌匀，再将面团整形成直径约5cm的长条圆柱形，其余步骤皆相同。

OBS
Olive Bakery
& Studio

面包布丁

材料（22cm×13.2cm×3.5cm，陶瓷烤盘）

布丁：
葡萄干…40g
蛋黄…3 颗
全蛋蛋液…80ml
砂糖…80g
鲜奶…400ml

面包…适量
无盐奶油…80g

莓果类水果…适量
糖粉…适量

做法

1. 请将手洗干净，烤箱预热至 160℃。
2. 将烤模涂上薄薄的一层奶油，洒上葡萄干。
3. 把蛋黄、全蛋蛋液及砂糖加入搅拌盆中，用打蛋器搅拌均匀。
4. 将牛奶加热至 45℃，约比人体体温略高一些。
5. 再加入到打好的蛋液中搅拌均匀。
6. 把布丁蛋液倒入陶瓷烤模中。
7. 将无盐奶油在锅中融化。
8. 把面包切成约 3cm 丁状。
9. 依序将沾满奶油的面包摆在蛋液上。
10. 将准备好的面包布丁放入烤盘，放入烤箱后在烤盘上倒入 60℃的温水。
11. 水量请控制在陶瓷烤模 1/3 的高度。
12. 放进烤箱以 160℃烤 60 分钟。
13. 从烤箱拿出后再洒上糖粉装饰即可！

TIPS

在选择面包时，请挑选软绵的面包，如厚片原味吐司或原味布里欧面包。法式面包因为过于扎实，口感与布丁较不协调，不宜选用。

法式蔬菜火腿咸派

材料（15cm 直径花型派盘 ×1 份）

塔皮：
低筋面粉…105g
海盐…1 小撮
砂糖…4g
无盐奶油…85g
冷水…适量

内馅：
全蛋…75g
中筋面粉…8g
酸奶油…60g
全脂牛奶…68ml
海盐…1/4 茶匙
黑胡椒…1/8 茶匙
蔬菜…适量

火腿丁…30g

准备工作

将塔皮材料备好后，全部放入冰箱冷藏。

做法

1. 请将手洗干净，烤箱预热至 200℃。
2. 将塔皮材料从冰箱拿出来，用刮板先切成小块，利用盆边将面团压匀后加入冷水拌匀。
3. 面团不可太干如果出现粉状或太湿导致太黏，将面团擀成约比派盘外圈多 3cm 大小的圆形，放入冰箱冷藏 1 小时。
4. 把冰过的派皮拿出来并在派皮上洒上高筋面粉以免派皮黏手，在适当的软度时将派皮放入派盘中再冷冻约 10 分钟。
5. 垫上烘焙纸，放入派石后以 200℃烤 25 分钟，拿起派石刷上全蛋液，再以相同温度烤 5 分钟，使其凉透。
6. 将酸奶油与牛奶搅拌均匀后，在另一个搅拌盆中把全蛋与面粉混合均匀。
7. 将蛋液直接过筛到酸奶油和牛奶里，加入海盐和黑胡椒拌匀。
8. 在凉透的派皮里放入蔬菜及火腿丁，倒入酱汁。
9. 放进烤箱以 200℃烤 10 分钟，再以 160℃烤 30 分钟即可取出。

TIPS

放入咸派的肉类请挑选已经熟的肉类，比如像培根、烟熏鲑鱼或火腿，蔬菜类若是像花菜等较厚重的食材，也请先以热水烫熟后再放入咸派中烤焙，千万别放入生的食材，否则吃了会肚子痛。

胡萝卜核桃蛋糕

材料（6 寸 ×1 个）

全蛋…65g
上白糖…65g
植物油…95 ml

中筋面粉…65g
低筋面粉…30g
肉桂粉…1/2 茶匙
泡打粉…1/2 茶匙
苏打粉…1/4 茶匙
海盐…1 小撮
（以上混合后备用）

胡萝卜…160g
核桃…50g

无盐奶油（室温）…60g
奶油奶酪（室温）…120g
糖粉…30g
香草精…1/4 茶匙

准备工作

1. 胡萝卜洗净后去皮切碎后备用。
2. 核桃先以 170℃烤 9 分钟，待凉后切碎至约 0.5cm 大小。

做法

1. 请将手洗干净，烤箱预热至 180℃。
2. 使用电动搅拌器将全蛋与上白糖打发至淡黄色，面糊形成缎带状后加入植物油，再持续打发约一分钟。
3. 加入准备好的胡萝卜拌匀，随后分两次筛入混合好的干料切拌均匀，最后加入切好的核桃拌均即可入烤模。
4. 以 180℃烤 30 分钟。
5. 将无盐奶油及奶油奶酪放入搅拌盆中并确认软度并使用电动搅拌器打发。加入香草精和糖粉拌匀备用。
6. 待蛋糕烤好后，放凉。
7. 抹上已经做好的奶油奶酪酱即可！

水果海绵生日蛋糕

材料（6寸×1个）

蛋（室温）…2颗
细砂糖…50g
低筋面粉…60g
鲜奶…15毫升
无盐奶油…20g
香草精…1/4少许

糖浆…50ml

鲜奶油…250ml
香草…适量
糖粉…25g
新鲜水果…适量

准备工作

1. 蛋请回归室温。
2. 鲜奶及无盐奶油请加热溶解。
3. 将50ml水及25ml糖煮沸后放凉形成糖浆。

做法

1. 请将手洗干净并把烤箱预热至180℃。
2. 使用电动搅拌器以高速将全蛋打发至淡黄色直到形成蝴蝶结，再用低速打一分钟。
3. 将面粉直接筛入打发的全蛋里，切拌均匀，再加入溶解的鲜奶及无盐奶油切拌均匀。
4. 将面糊倒进烤模中，在桌面轻磕1～2下释放出空气，再放入烤箱烤25分钟。
5. 烤好后放凉切成两片，同时准备将鲜奶油打发至七成。
6. 在蛋糕上拍上糖浆放上鲜奶油铺上水果，最上层不放水果并将整颗蛋糕抹上薄薄一层奶油。
7. 抹上外层的鲜奶油并摆上水果及装饰牌即可。

absolutel
I make ,
〈外帶〉 DR
美式 Amer
卡布 Cap
OBS
Olive Bakery
& Studio

for balance
Eat a bit of
a bit of
them, but for
regularly. so
skin is

充电时间：
走访国外的甜点店

纽约
旧金山
东京

仔细想一想，我几乎把赚来的钱都花在旅游和美食上面了，
我喜欢花很多时间了解一个我喜欢的地方，
在这个城市居住、生活及交朋友。
早就很习惯一个人旅游的我自在地到处去吃喝玩乐，
这是射手座的天性。
很庆幸我还单身，谁也管不了我，哈哈！

New York

纽约甜点店推荐

我从很小的时候就在美国生活，纽约对我的思想、行为影响很大。这个城市缤纷多样，包容性又强，让人感觉很自由，好像要怎样都没人管一样。纽约的甜点也具有这奔放的风格，那些特别有名气、大家都知道的地方我就直接忽略，接下来给大家介绍一些游客不太会去的地方！

纽约甜点店推荐

Bakeri

150 Wythe Ave, Brooklyn, NY 11211
http://www.bakeribrooklyn.com
718-388-8037

好朋友 Wei 给我推荐在布鲁克林的 Bakeri，这是一间我很爱的糕点店，它很旧但很有家的感觉，各式各样的饼干陈列在玻璃橱窗里，让人每一种都想尝试！

Breads Bakery

18 E 16th St, New York, NY 10003
http://www.breadsbakery.com
212-633-2253

我一个星期可以去好几次 Breads Bakery，因为我真的很喜欢它的朴实、单纯的风格。这是一家以犹太文化为基础的面包店（在纽约的犹太人超过两百万人），像是 Babka、Challa bread、Rugelach 都是很典型的犹太食品。除了面包、点心，在 Breads Bakery 还有午餐吧、咖啡吧，随便点都好吃！

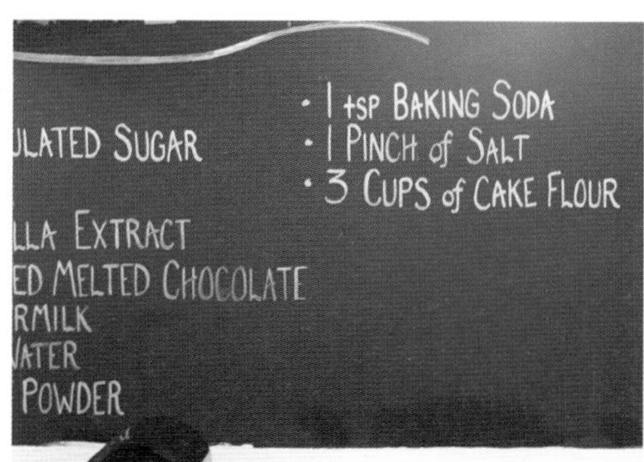

Butter Lane

123 E 7th St, New York, NY 10009

http://butterlane.com

212-677-2880

很美式的杯子蛋糕，尺寸大、颜色多、单纯不复杂。

Carlo's Bakery

625 8th Ave, New York, NY 10018

http://bakeshop.carlosbakery.com/cake-boss-cafe/

646-590-3783

Who likes to eat some cakes? 这句话是蛋糕天王 Buddy 的招牌问话！如果你常常看他的节目，就应该来 Carlo's 逛逛，可能就会像我一样碰到 Buddy 哦！

纽约甜点店推荐

Chelsea Market

75 9th Ave, New York, NY 10011

http://www.chelseamarket.com

212-652-2110

Chelesa Market 可以说是致我进入烘焙行业的临门一脚，虽然说去 Chelsea Market 不下十几次了，但在 2011 年冬天的某一个下午去Chelsea Market时，平时熟悉的面包店、杂货店、厨房用品店、海鲜、红酒、香料、餐厅，往来的人们，这一切元素似乎在告诉我一件很重要的事，让我在那一刻认清美食文化就是人类文明的演化。民以“食”为天，是我们每天生活及生存中最基本的一个需求，它触动到我内心要变成一个更优雅更贴近生活的人的渴望。Chelsea Market 或许也会为你带来不同的感动。

Chikalicious Desert Bar

203 E 10th St, New York, NY 10003

http://www.chikalicious.com

212-475-0929

小小的一间甜点吧，可能已经去过三次了都还是会错过门面，看似不起眼，但不甜的杯子蛋糕真的会让你有吃一个接一个的冲动，我最喜欢焦糖海盐杯子蛋糕！

Eataly

200 5th Ave, New York, NY 10010
https://www.eataly.com/us_en/stores/new-york/
212-229-2560

又是一个让人心情奔放的饮食文化场所，有来自意大利各地的食材、葡萄酒、巧克力、现做的新鲜 Pasta，有餐厅、红酒吧和面包坊，好玩极了！

The City Bakery

3 W 18th St New York, NY 10011
http://thecitybakery.com/the-city-bakery/
212-366-1414

很具有纽约特色的一间面包店，纽约的生活节奏快，City Bakery 总是人来人往、川流不息。可颂面包是这里最有特色的面包，我喜欢巧克力可颂搭配美式咖啡！

纽约甜点店推荐

Lafayette Grand Café & Bakery

380 Lafayette St. New York, NY 10003
http://lafayetteny.com
212-533-3000

Lafayette 是一家法式面包店，一定要吃他家的 Croissant Du Jour，还有可丽露、闪电泡芙都是相当可口的点心哦！我非常喜欢去 Lafayette 吃早午餐，因为让人很放松！

Levian Bakery

167 West 74th St. New York, NY 10023
http://www.levainbakery.com
212-874-6080

Levain 的巧克力饼干是他们的招牌，但我相信很多人应该都知道，美国食物的份量一般是亚洲的好几倍，所以我建议多几个人分享才能吃到不同口味的饼干喔！

Maison Kayser

921 Broadway, New York, NY 10010

http://maison-kayser-usa.com

212-979-1600

能够在纽约的 Maison Kayser 中央厨房实习当然让我对 Maison Kayser 会有不一样的情感，感谢好朋友 Amy Young 及主厨 Nicolas Chevrieux，我才能有如此宝贵的工作经验！对于像 Maison Kayser 大型连锁甜点品牌来说，要能够兼顾美感和口感是一件不容易的事！闪电泡芙、杏仁可颂都是值得一试的哦！

纽约甜点店推荐

Mast Brother's

111 N 3rd St, Brooklyn, NY 11211

http://mastbrothers.com

718-388-2625

2006 年，在纽约布鲁克林起家的一对做巧克力的兄弟，开发了属于自己的从可可豆到巧克力砖都有的巧克力品牌。最吸睛的无非是那设计亮丽的巧克力包装。从单品庄园巧克力砖到特调口味的巧克力，还有跟巧克力相关的各式甜点！

Milk Bar

382 Metropolitan Ave, Brooklyn, NY 11211

http://milkbarstore.com

347-577-9504

让我印象较深刻的就是他们的派型包装，不管是什么都可以装进咖啡色厚纸板折出的小纸盒中。

One Girl Cookies

68 Dean St, Brooklyn, NY 11201
http://www.onegirlcookies.com
212-675-4996

One Girl Cookies 的故事简直就像是电影情结，刚创业的女老板 Dawn Croftonup 因为找室友遇到了 Dave Casale，而因为 Dave 的烘焙背景就开始在 One Girl Cookies 当西点师傅，最后两人结为连理携手共创未来，实在太浪漫了！这种事什么时候会发生在我身上啊……店内风格是意大利乡村的复古风格，恬静美好！

纽约甜点店推荐

Petrossian

911 Seventh Ave, New York,
NY 10029
http://www.petrossian.com/index.html
212-245-2217

大学时期 Petrossian 就在我家旁边，这家于 1920 年成立的法国鱼子酱餐厅品牌，除了品尝稀有鱼子酱配香槟外，旁边其实还有一间 Petrossian Bakery，即使每天在那消费也不会觉得负担太重！烟熏鲑鱼松饼三明治简直是天堂级的享受，模仿鱼子酱模样的巧克力豆也是最佳伴手礼！

Sant Ambroeus

1000 Madison Ave, New York, NY 10075
http://www.santambroeus.com
212-570-2211

Sant Ambroeus 是我最喜欢在下午时自己一人走去喝杯拿铁、吃块饼干的地方，这家于 1936 年在意大利米兰开始经营的餐厅，在纽约也保留着米兰当地的风格，站着喝 Espresso 的咖啡吧，搭配意式的塔、派类甜点。时常会看到住在附近的曼哈顿贵妇们带着刚下课的小孩来吃点心。我喜欢 Sant Ambroeus 的饼干，奶油味很香！

Toby's Estate Coffee

125 N 6th St, Brooklyn, NY 11249
https://tobysestate.com
347-457-6155

第一次喝到所谓的"Flat White"就是在Toby's Estate Coffee，哇～好好喝，真的很感动！Toby's 有一间烘豆室，烘豆机接在Mac上，原来烘豆也有一套科学方式去追踪！在《实习生》这部电影中，安妮海瑟薇去一家咖啡店找双手捧着咖啡的劳勃狄尼洛，这间咖啡店就是我喝 Flat White 的 Toby's!

纽约甜点店推荐

Vosges Chocolate

1100 Madison Ave, New York, NY 10028
http://www.vosgeschocolate.com
212-717-2929

每次去完大都会美术馆都会走到 Vosges 来喝一杯热巧克力，尤其在冬天，是件多么幸福的事！ Vosges 的巧克力包装相当可爱，从 logo 到店内风格都很有希腊神话的色彩。

Veniero's

342 E 11th St, New York, NY 10003
http://venierospastry.com
212-674-7070

这家我从小吃到大的纽约重奶酪蛋糕，没有别的地方能取代 Veniero's 在我心里的位置。1894 年，由意大利南方来纽约的移民 Antonio Veniero 创立 Veniero's Pastry 制作各种不同口味的奶酪蛋糕，我最爱提拉米苏奶酪蛋糕！

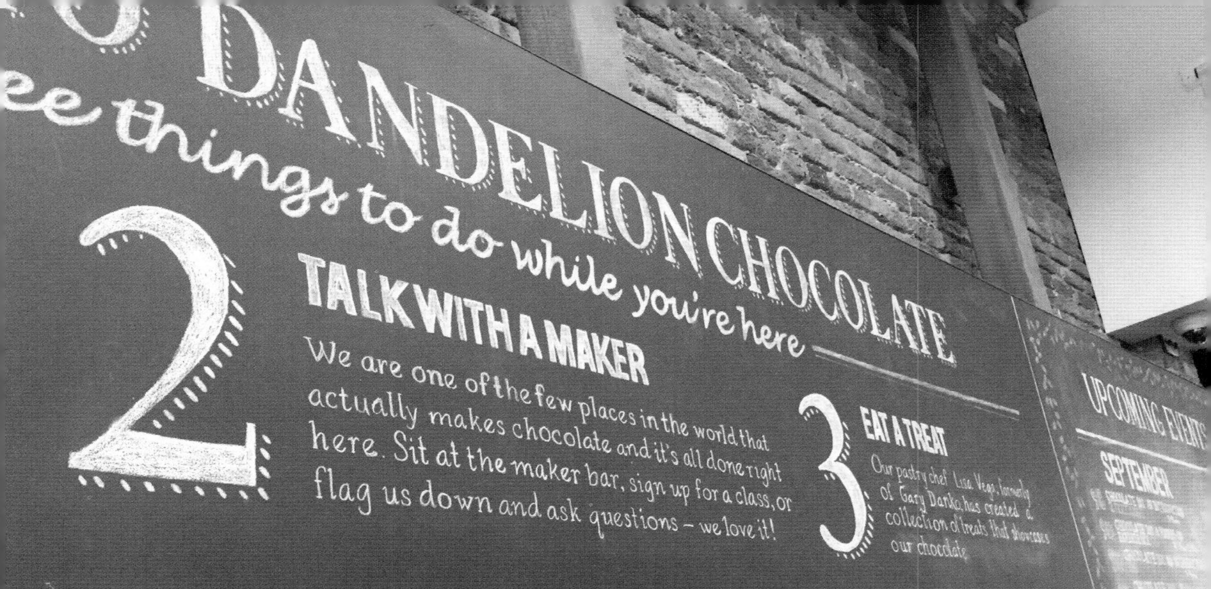

San Francisco

旧金山甜点店推荐

这个北加州的城市生活形态跟南加州的人还是有点不同，有点混合着纽约 East Village 的氛围，虽然推荐的甜品店数量不多，但都非常值得一去！

20th Century Café

198 Gough St, San Francisco, CA 94102

http://20thcenturycafe.com

415-621-2380

我总是喜欢复古、比较有人情味的店，在旧金山的 20th Century Café 有别于东岸的重口味风格，带了点加州慵懒、平和的气息，好像所有的事慢慢来都没关系！试试 Russian Honey Cake，不会特别甜腻，再配上一杯卡布奇诺吧！

Dandelian Chocolates

740 Valencia St, San Francisco, CA 94110
https://www.dandelionchocolate.com
415-349-0942

无意中走进去发现这是一个巧克力的乐园，最让我这个巧克力控惊喜了！从可可豆到巧克力砖都是自己处理制作，宽阔的空间让我能舒服地坐在店里一下午，好好排一下OBS 教室的课表。热可可，必喝！

Smitten Ice Cream

3545 Mt Diablo Blvd, Lafayette, CA 94549
http://www.smittenicecream.com
925-385-7115

对我来说，吃了 Smitten 的冰淇淋有如走入无人之境，那天刚好有 Blue Bottle 的咖啡口味，是用 Blue Bottle 烘的特调豆子做出的冰淇淋。可以走到旁边的公园，一边享受加州阳光一边慢慢享用。

Tartine Bakery

600 Guerrero St, San Francisco, CA 94110

http://www.tartinebakery.com

415-487-2600

又是一个烘焙界的爱情故事，Chad Robertson与Elizabeth Prueitt，一位负责面包，一位负责糕点，在纽约厨艺学校Culinary Institute of America New York相识、相爱并成家立业。Tartine永远都是大排长龙，最不喜欢排队的我，也只好跟着人群排了半个多小时才进去，但这一切，都是值得的！一定要吃那让人销魂的咸派，可颂也是一大招牌！

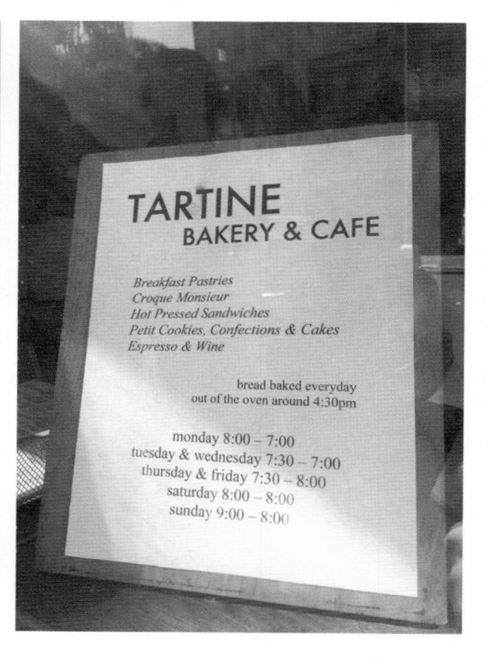

Tokyo

东京甜点店推荐

日本女生爱吃甜点的程度让整个东京都成为甜点的超级大战区。我必须说这几年碰过的“地雷”还真不少，其中不乏非常有名气的甜点店，虽然漂亮，却不好吃。在这我只选出内外兼具、不仅漂亮又有内涵，非吃不可的甜点店。当然待开发及还没去吃的甜点店还是很多，毕竟人外有人天外有天，学习是条无止境的路。

东京甜点店推荐

Astirisque

东京涩谷区区上原 1-26-16
从小田急线“代々木上原駅”出口徒步 2 分
03-6416-8080

和泉光一主厨的甜点店“Asterisque”总是有穿梭不息的人潮，从烧菓子、饼干，到在冰箱里贩售的生菓子甜点，不只是好看还相当好吃！

Echiré

东京千代田区丸之内 1-5 新丸之内大厦 1F
http://www.kataoka.com/echire-maisondubeurre.html
03-6269-9840

在法国有产地认证 A.O.P. 的 Echiré 奶油是许多米其林三星主厨爱用的手工发酵奶油，在东京的 Echiré 专卖店能够买到的不仅有各式各样的奶油及可爱的周边商品，还有使用 Echiré 奶油制作的费南雪、玛德琳及奶油可颂。这三种甜品全都要买来品尝，细细感受 Echiré 奶油细致的口感。

Ecole Criollo

东京目黑区上目黑 1-23-1

http://www.ecolecriollo.com

03-5724-3530

法国主厨 Antoine Santos 于 1993 年来到日本工作，专精于巧克力领域，也担任过法国法芙那巧克力在日本的技术指导。除了获得过多次代表法国手工业者最高荣誉的 MOF 奖项外，烘焙技术和食材的选用功力都相当深厚。

东京甜点店推荐

Higashiya

东京中央区银座 1–23–1 2F

http://www.higashiya.com/shop/ginza/

3–3538–3230

这是我在银座最喜欢的秘密基地，因为店铺在二楼，所以一般过路人不会进来，只有专程来这里品尝和菓子的饕客。Higashiya 从餐点、服务到设计都是精致的日本现代风格，除了茶点，茶也是 Higashiya 独有的特色哦！

Little Nap Coffee Stand

东京涩谷区代木 5–65–4

http://www.littlenap.jp/loc/

03–3466–0074

很有特色的咖啡小站，老板喜欢玩滑板。来这边的客人都是住在附近的人或在这一区工作的文青。除了自家烘焙的单品咖啡豆，还有周边的设计产品。

Ryoura

东京世田谷区用贺 4-29-5
http://www.ryoura.com
3-6447-9406

只要是 OBS 的朋友，对菅又亮辅主厨一定不陌生，他在东京 Pierre Hermé 担任多年副主厨，开发了各种口味的马卡龙。菅又亮辅似乎永远跟马卡龙连结在一起。2015 年 10 月份 Ryoura 开来，这是一间恬静又让人有幸福感的甜点店。菅又主厨对于甜点的美感是与生俱来的，口味却又恰到好处地让人久久不能忘怀！

东京甜点店推荐

Egurudosu

东京新宿区下落合 3-22-13

http://sweetsguide.jp/sweetsguide/detail/index/id/42541/

03-5988-0330

寺井主厨的店铺风格相当法式，非常典雅，我喜欢他做的泡芙里的卡士达酱，饼干也是一吃就有浓厚幸福感的味道！

Au Bon Vieux Temps

东京世田谷区等々力 2-1-3
http://aubonvieuxtemps.jp
03-3703-8428

日本甜点界的教父级人物河田胜彦，"十八般武艺"样样精通，从巧克力、糖果、烧菓子、生菓子、果酱，只要一到 Au Bon Vieux Temps，就不可能空着手出门！

原著作名：《完美甜点的 10 个关键》
原出版社：野人文化股份有限公司
作者：蔡佳峰 / 著，王正毅，黄士庭 / 摄影

版权合同登记号：图字：30-2017-136 号

图书在版编目（CIP）数据

完美甜点的 10 个关键 / 蔡佳峰著．-- 海口：海南出版社，2018.5

ISBN 978-7-5443-8326-4

Ⅰ．①完… Ⅱ．①蔡… Ⅲ．①甜食 – 食谱 Ⅳ．①TS972.134

中国版本图书馆 CIP 数据核字 (2018) 第 080755 号

完美甜点的 10 个关键

作　　者：蔡佳峰
监　　制：冉子健
责任编辑：周　萌
责任印制：杨　程
印刷装订：北京盛彩捷印刷有限公司
读者服务：蔡爱霞　郄亚楠
出版发行：海南出版社
总社地址：海口市金盘开发区建设三横路 2 号　邮编：570216
北京地址：北京市朝阳区黄厂路 3 号院 7 号楼 101 室
电　　话：0898-66830929　010-64828814-602
邮　　箱：hnbook@263.net
经　　销：全国新华书店经销
出版日期：2018 年 5 月第 1 版　2018 年 5 月第 1 次印刷
开　　本：787mm × 1092mm　1/16
印　　张：15
字　　数：255 千
书　　号：ISBN 978-7-5443-8326-4
定　　价：68.00 元